CONTENTS

SECTION 1 基本の操作ガイド

JN063743

SECTION **2** アプリの操作ガイド

SECTION 3 もっと役立つ便利な操作

iOSのアップデートについて

iPhoneを動かす「iOS」というソフトウェアは、新機能の追加や不具合の修正などを施したアップデートが時々配信される。初期設定で「自動アップデート」を有効にした場合は自動でアップデートされるが、そうでない場合は、「設定」→「一般」→「ソフトウェア・アップデート」で「ダウンロードしてインストール」をタップし、アップデートを実行しよう。なお、アップデートにはWi-Fiが必須となる。iPhoneは最新状態での利用が推奨されるので、アップデートは早めに行うようにしよう。

アップデートを手動で行う

「設定」→「一般」→「ソフトウェア・アップデート」で「ダウンロードしてインストール」をタップ。

自動アップデートを設定する

「設定」→「一般」→「ソフトウェア・アップデート」→「自動アップデート」でスイッチをオンにすれば、通知が届いた後、夜間に自動でアップデートが実行される。ただし、充電器およびWi-Fiに接続されていなければならない。

記事掲載のQRコードについて

本書の記事には、アプリの紹介と共にQRコードが掲載されているものがある。このQRコードを読み取ることによって、アプリを探す手間が省ける仕組みだ。「カメラ」アプリを起動し、「写真」か「スクエア」モードにし、カメラをQRコードへ向けると即座にスキャンし、該当アプリの入手画面が表示される。なお、アプリの入手方法はP033〜034で詳しく解説している。

1 カメラをQRコードへ向ける

「カメラ」アプリを起動し、QRコードへ向ける。画面上部の「App Storeで表示」のバナーをタップする。

2 読み取り完了後入手画面が開く

即座に読み取られ、アプリの入手画面が開く。「入手」をタップしてインストールしよう。

1

基本の
操作ガイド

まずはiPhoneの基本操作をマスターしよう。本体に搭載されているボタンの役割や、操作の出発点となるホーム画面の仕組み、タッチパネル操作の基本など、iPhoneをどんな用途に使うとしても必ず覚えなければいけない操作を総まとめ。

端末の側面にある電源ボタンの使い方

電源のオン／オフと
スリープの操作を覚えよう

iPhoneの右側面にある電源ボタンは、電源やスリープ（消灯）などの操作を行うボタンだ。電源オンは電源ボタンを長押しし、電源オフは電源ボタンと音量ボタンを長押しし、スリープ／スリープ解除は電源ボタンを押すことで切り替えできる。なお、電源オフ時はiPhoneの全機能が無効となり、バッテリーもほとんど消費されない。一方スリープ時は画面を消灯しただけの状態で、電話やメールの着信といった通信機能、各種アプリの動作などはそのまま実行され続ける。iPhoneを使わないときは基本的にスリープ状態にしておき、完全に電源を切りたい状況のときのみ電源をオフにするといい。

電源オン／オフおよびスリープ／スリープ解除の操作方法

1 電源オンは
電源ボタンを長押しし

①電源オフの状態で電源ボタンを長押しする

②Appleのロゴが表示されたら指を離してしばらく待つ

iPhoneの電源をオンにしたいときは、電源オフの状態で電源ボタンを長押しする。Appleのロゴが表示されたらボタンから指を離してOKだ。しばらく待てばロック画面が表示される。

2 電源オフは電源ボタンと音量ボタンを長押しし

②右にスライドすると電源がオフになる

SOS　緊急SOS

①電源ボタンと音量ボタンを長押しする（ホームボタン搭載モデルは電源ボタンのみ長押し）

キャンセル

電源をオフにしたいときは、電源ボタンと音量ボタン（2つのうちどちらか片方）を長押ししよう。上のような画面になるので、「スライドで電源オフ」を右にスワイプすると電源が切れる。

3 スリープ／スリープ解除は
電源ボタンを押す

23:44
100%充電済み

電源ボタンを押すことでスリープ／スリープ解除が可能

電源ボタンを1回押すと、iPhoneのスリープ／スリープ解除が可能だ。iPhoneを使わないときやカバンやポケットにしまうときは、スリープ状態にして画面を消しておくといい。

設定ポイント

電源オフ画面に
表示される
「緊急SOS」とは？

電源オフ画面にある「緊急SOS」のスライダーを右にスライドすると、警察（110）や海上保安庁（118）、火事、救急車、救助（119）などに通報することが可能だ。なお、電源ボタンを素早く5回押すか、電源ボタンと音量ボタンをずっと押し続けることでも、同じ通報画面に切り替わる。

緊急SOSスライダーを右にスライドする

緊急SOS

警察
110

海上保安庁
118

火事、救急車、救助
119

いくつかの番号が表示されてすぐに通報ができる

002

iPhoneは指先で画面を触って操作する

タッチ操作の種類を
マスターする

 本体操作

iPhoneの画面にはタッチセンサーが搭載されており、画面を指で直接触ることで操作ができるようになっている。iPhoneのほとんどの操作はこのタッチ操作で行う。たとえば、ホーム画面でアイコンをタッチすればそのアプリが起動するし、ホーム画面に指が触れた状態で横方向に動かせば別の画面に切り替わるのだ。タッチ操作には、画面を軽く1回タッチする「タップ」や、画面に触れたまま指を動かす「スワイプ」など、いろいろな種類がある。ここでは、スマホ操作の基本となる8つのタッチ操作をまとめておいたので、チェックしておこう。

1 「タップ」は指で画面を軽く1回タッチする

ホーム画面のアイコンをタップするとそのアプリが起動する

「タップ」操作は、画面を指先で軽く叩く操作だ。タップしたあとの指はすぐ画面から離すこと。アイコンをタップして起動する、項目をタップして選択するなど、最もよく使う操作となる。

2 「ダブルタップ」は画面を2回連続でタップ

写真を閲覧中にダブルタップすると拡大できる

「ダブルタップ」は、タップを2回連続で行う操作だ。画面を2回軽く叩いたら、指はすぐ画面から離すこと。ブラウザや写真アプリでダブルタップすると、拡大表示することができる。

3 「ロングタップ」は画面を押し続ける

ホーム画面のアイコンをロングタップすると移動や削除ができる

「ロングタップ」は、画面を1〜2秒ほど押し続ける操作だ。たとえば、ホーム画面のアイコンをロングタップし続けると、移動や削除などの操作ができるようになる。

4 「スワイプ」は画面に指を触れた状態で動かす

ロック画面の最下部にある線を上にスワイプするとロックを解除できる

「スワイプ」は、画面に指先を触れた状態を維持しつつ、指先を動かす操作だ。画面の切り替えやアイコンの移動などに使う。また、ロック画面を解除する際にも利用するので覚えておこう。

5 「ドラッグ」は何かを引きずって動かす

ホーム画面のアイコンは、ロングタップして並べ替えが可能な状態にすると、ドラッグで移動ができる

「ドラッグ」は、スワイプと同じ操作だが、何かを掴んで引きずって動かすような操作のときに使う操作方法だ。ホーム画面のアイコン移動、文字編集時の選択範囲の変更などで使う。

6 「フリック」は画面をサッと弾く

日本語かなキーボードでキーをフリックすると、素早く文字を入力できる

「フリック」は、画面を一方向に動かした後すぐ指を離す操作だ。画面を指で弾くような感じに近い。キーボードのフリック入力や、ページの高速スクロールなどで利用する。

7 「ピンチイン／アウト」は2本の指を狭める／広げる

マップでピンチイン／アウトすると縮小／拡大が可能

「ピンチイン／アウト」は、2本指を画面に触れた状態で、指の間隔を狭める／広げる操作だ。マップや写真アプリなどでは、ピンチインで縮小、ピンチアウトで拡大表示が行える。

8 2本指を使って回転させる操作もある

マップで2本指を触れたまま回転させると回転が可能

マップアプリなどで画面を2本指でタッチし、そのままひねって回転させると、表示を好きな角度に回転させることができる。ノートなどのアプリでも使える場合がある。

003

他人にiPhoneを使われないようにロックしよう

ロック画面の仕組みと
セキュリティの設定手順

 本体設定

iPhoneは、他人に勝手に使われないように、Face ID（顔認証）やTouch ID（指紋認証）、パスコードなどの各種認証方法で画面をロックすることができる。これらの認証は、スリープ状態を解除すると表示される「ロック画面」で行う。各種認証を行いロックを解除することで、ようやく端末が使えるようになる

仕組みだ。iPhoneのセキュリティを確保するためにも、各種認証方法の設定をあらかじめ済ませておこう。なお、iPhone 11をはじめとするホームボタン（画面下の丸いボタン）のないiPhoneではFace IDを利用でき、iPhone 8をはじめとするホームボタンのあるiPhoneでは、Touch IDを利用できる。

ロック画面とロック解除の基本操作

1 スリープを解除すると
ロック画面が表示される

ロック状態を示す南京錠マーク。Face IDや指紋認証でロックが外れるとロックが外れたマークになる

端末のスリープ状態を解除すると、ロック画面が表示される

iPhoneのスリープ状態を解除すると上のロック画面になる。ここでは、現在の時刻や日付、各種通知などの情報が表示される。iPhoneを利用するには、この画面で各種認証を行ってロックを解除する必要があるのだ。

2 ロックを解除するには
画面最下部の線を上にスワイプする

画面最下部にある線を上にスワイプすると、各種認証後にロックが解除される

ロックを解除するには、画面最下部にある線を上にスワイプしよう（ホームボタンのある機種ではホームボタンを押す）。Face IDやTouch IDによる認証が完了していなければ、以下の認証画面になる。

3 各種認証を行った後
ホーム画面が表示される

Face IDやTouch ID、パスコードなどの各種認証を行う

ホーム画面が表示される

認証画面になるので、Face IDやTouch ID、パスコードなどの各種認証を行ってロックを解除しよう。ロックが解除されるとホーム画面が表示される。

パスコードを設定する

1 設定からパスコードの設定画面を表示

各種認証を利用するには、まずパスコードの設定が必要になる。まだパスコードを設定していない人は、「設定」→「Face ID（Touch ID）とパスコード」から設定をしておこう。

2 パスコードを設定しておこう

任意の数字6桁を入力してパスコードを設定する

パスコードを6桁の数字で設定する。なお、画面下の「パスコードオプション」からパスコードの内容を好きな英数字コードや4桁の数字コードなどに変更することも可能だ。

3 パスコードでの認証解除方法

ロック画面のロック解除時にパスコード入力が求められるようになる

パスコードが設定できると、ロック画面の解除でパスコード認証が使えるようになる。Face IDやTouch IDの認証に失敗したときにも入力を求められるので、忘れないようにしよう。

Face IDを設定する

1 設定からFace IDを登録しておく

自分の顔を枠内に入れつつ、顔を動かしてFace IDを登録する

「設定」→「Face IDとパスコード」→「Face IDをセットアップ」をタップ

Face ID（顔認証）機能が搭載されている機種であれば、「設定」→「Face IDとパスコード」→「Face IDをセットアップ」をタップ。表示される指示に従って、自分の顔を前面側カメラで写してFace IDを登録しておこう。

2 Face IDでの認証解除方法

ロック画面を見つめると、Face IDで認証が行われる。南京錠マークが解除された形になれば、ロック解除完了だ

Face IDを登録した場合は、ロック画面を見つめるだけで顔認証が行われ、ロックが解除される。ロックが解除された状態で、画面最下部の線を上にスワイプすればホーム画面を表示可能だ。なお、顔とiPhoneの距離が近すぎると顔認証がされにくいので、30cmぐらい離しておくといい。

Touch IDを設定する

1 設定からTouch IDを登録しておく

指でタッチ

指の境界部をホームボタンに当てて離す作業を繰り返してください。

「設定」→「Touch IDとパスコード」→「指紋を追加」をタップ

ホームボタンに指を何度も乗せて自分の指紋を登録する

Touch ID（指紋認証）機能が搭載されている機種であれば、「設定」→「Touch IDとパスコード」→「指紋を追加」をタップ。表示される指示に従って、自分の指をホームボタンに何度も乗せて指紋を登録しておこう。

2 Touch IDでの認証解除方法

指紋を登録した指でホームボタンを触ると、Touch IDで認証が行われる。画面に「ロック解除」と表示されればOKだ

Touch IDを登録した場合は、ロック画面が表示されている状態でホームボタンを指で触ればいい。指紋認証が行われ、ロックが解除される。さらにホームボタンを押せばホーム画面が表示可能だ。なお、指紋は最大5つまで登録することができる。Touch ID設定画面で、ホームボタンをよく押す指をすべて登録しておこう。

004

 本体操作

操作の出発点となる基本画面を理解しよう

ホーム画面の
仕組みを覚えよう

「ホーム画面」は、iPhoneの操作の出発点となる基本画面だ。ホーム画面には、現在インストールされているアプリのアイコンがすべて配置される。ホーム画面を左にスワイプすれば、別のページが表示され、さらにアイコンを配置することが可能だ。ホーム画面の一番下にある「ドック」は、ページを切り替え

ても固定表示されるので、最もよく使うアプリを配置して使うといい。なお、このホーム画面にはアプリ起動中でもすぐに戻ることができる。ホーム画面に戻る場合は、ホームボタンのない機種なら画面最下部（状況によっては線が表示される）を上にスワイプ、ホームボタンのある機種ならホームボタンを押そう。

ホーム画面の基本的な操作を覚えておこう

**右にスワイプすると
ウィジェット画面を表示** ←

各種ウィジェットが表示される。画面最下部の「編集」でウィジェットの登録が可能だ

ホーム画面を左にスワイプするとウィジェット画面が表示される。ここでは各種アプリのウィジェットを登録して、表示することが可能だ。また、検索欄でiPhone内を検索することもできる。

アイコン／フォルダ
各種アプリがアイコンとして並ぶ。複数のアイコンをフォルダにまとめることも可能

ドック
よく使うアプリを4つ登録できる場所。ホーム画面のどのページでも固定表示される

→ **左にスワイプすると
別のページを表示**

左にスワイプすると別のページに切り替えが可能

ホーム画面には、現在インストールされているアプリがアイコンとして並ぶ。左にスワイプすると、ほかのページに切り替えることが可能だ。なお、画面最下部のドックに配置されたアイコンは、全ページで固定表示される仕組みになっている。

↓ **下にスワイプすると
検索画面を表示**

ホーム画面を下にスワイプすると、検索画面が表示される。ここから、iPhone内のアプリや連絡先、各種データを検索することが可能だ。

 操作のヒント

**ホーム画面には
いつでも戻ることができる**

ホーム画面には、アプリ起動中でもすぐ戻ることができる。ホームボタンがない機種の場合は、画面最下部の線を上にスワイプすればいい。ホームボタンがある機種は、ホームボタンを押せばホーム画面に戻ることができる。これらの操作はiPhoneを使う上でよく使うので、必ず覚えておこう。

iPhone 11などのホームボタンがない機種では、画面最下部にある線を上にスワイプすると、ホーム画面に戻ることができる

ホームボタンのある機種は、ホームボタンを押すことでホーム画面に戻ることができる

005

各アプリから発生するサウンドの音量を変更する

音量ボタンで音楽や動画の音量を調整する

 本体操作

端末の左側面にある音量ボタンでは、音楽や動画、ゲームなど各種アプリから発生するサウンドの音量（着信音や通知音以外の音量）を調整できる。音量ボタンを押すと画面左端にメーターが表示され、現在どのぐらいの音量になっているかを確認可能だ。アプリによっては、アプリ内に音量調整用のスライダーが用意されていることがあるので、そちらでも調整ができる。なお、電話やLINEなど通話機能のあるアプリでは、通話中に音量ボタンを押すことで通話音量を調整することが可能だ。好みの音量にしておこう。

1 音量ボタンで音量を調整する

音量ボタンを操作すると、音量を調整できる

本体左側面にある音量ボタンを押すと、音楽や動画などの再生音量を変えることができる。

2 アプリ内でも調整が可能

マリーゴールド
あいみょん

ミュージックアプリなどでは、スライダーを操作して音量を調整できる

ミュージックなどの一部アプリでは、スライダーを操作することで音量を調整することが可能だ。

3 通話中の音量を調整したい場合

狩野文孝
14

通話が可能なアプリで通話中に音量ボタンを押すと、通話音量（相手の声の音量）を調整できる

電話アプリなどで通話中に音量ボタンを押すと、通話音量を変更することが可能だ。

006

電話やメール、各種通知音の音量を変更する

着信音や通知音の音量を調整する

 本体設定

電話の着信音やメールの通知音などは、好きな音量に変更することが可能だ。とはいえ、標準状態だとNo005のように音量ボタンで調整することができない。着信音と通知音の音量を調整したい場合は、「設定」→「サウンドと触覚」を開き、着信音と通知音のスライダーを左右に動かして、好きな音量に設定しておこう。また、スライダーの下にある「ボタンで変更」をオンにしておけば、音量ボタンでの調整も可能になる。これなら即座に着信音と通知音の音量を変えられるので、普段からオンにしておくのがオススメだ。

1 着信音と通知音の音量を調整する

スライダーを操作して着信音と通知音の音量を調整する

着信音と通知音の音量は、「設定」→「サウンドと触覚」にあるスライダーで調整することができる。

2 音量ボタンで調整したい場合

何も音が鳴っていない状態で音量ボタンを操作すると、着信音と通知音の音量を調整できる。なお、音楽や動画再生中は、その音量の調整できるように機能が切り替わる

前の画面で「ボタンで変更」をオンにすると、音量ボタンで着信音と通知音の音量が調整可能になる。

操作のヒント

着信音や通知音は消音モードで一時的に消せる

iPhoneの左側面上にあるサイレントスイッチをオン（オレンジ色が見える位置）にすると、消音モードになり、着信音や通知音のサウンドをオフにすることが可能だ。ただし、消音モードでは、各アプリから発生するサウンドは消えない。音楽や動画、ゲームなどの音は再生され続けるので注意だ。

そもそも「アプリ」とは何なのか?

アプリを使う上で 知っておくべき基礎知識

iPhoneのさまざまな機能は、多くの「アプリ」によって提供されている。この「アプリ」とは、iPhoneで動作するアプリケーションのことだ。たとえば、電話の通話機能は「電話」アプリ、カメラでの撮影機能は「カメラ」アプリ、地図表示や乗り換え案内の機能は「マップ」アプリによって提供されている。また、標準搭載されているアプリ以外に、自分の好きなアプリを自由に追加／削除(インストール／アンインストール)できる。iPhone用のアプリは、「App Store」アプリから入手することができる。iPhoneの操作に慣れたら、App Storeで便利なアプリを探し出してインストールしてみよう。(No032で解説)

iPhoneのおもな機能はアプリで提供される

1 最初から標準アプリが用意されている

iPhoneのほとんどの機能は「アプリ」で提供される。初期状態では、電話やカレンダー、マップなどの標準アプリがいくつかインストールされており、すぐに利用することが可能だ。

2 使いたい機能に応じてアプリを使い分けよう

電話アプリを起動して電話の機能を利用する

iPhoneの機能はアプリごとに細分化されているので、用途や目的ごとに起動するアプリを切り替えるのが基本だ。たとえば、電話機能を使いたいなら、「電話」アプリを起動すればいい。

3 アプリはApp Storeでダウンロードできる

App Storeアプリを起動して、さまざまなアプリをiPhoneへインストールする

公式のアプリストア「App Store」から、いろいろなアプリをダウンロードできる。好きなアプリを入手してみよう。なお、このストア機能自体もアプリで提供されているのだ。

設定ポイント

ダウンロードしたアプリはホーム画面に自動で加される

App Storeからアプリをダウンロードすると、ホーム画面の空いているスペースにアイコンが追加される。ダウンロードが完了すれば、すぐに使うことが可能だ。なお、ホーム画面に空きスペースがない場合、新しいページが自動で追加されていく(ページは最大15ページまで追加が可能)。

App Storeからアプリをダウンロード中

ダウンロードが完了するとアプリを使えるようになる

008

アプリを使うときに必須の基本操作
アプリを起動／終了する

 本体操作

iPhoneにインストールされているアプリを起動するには、ホーム画面に並んでいるアプリアイコンをタップすればいい。即座にアプリが起動し、アプリの画面が表示される。アプリを終了するには、ホーム画面に戻ればいい。ただし、ミュージックやマップなどの一部アプリは、ホーム画面に戻ってもバックグラウンドで動き続けることがある。なお、iPhoneでは、一度にひとつのアプリ画面しか表示できない。そのため、別のアプリを使いたい場合は、一旦ホーム画面に戻ってから別のアプリを別途起動する必要がある。

1 ホーム画面からアプリを起動する

アプリを起動したいときは、ホーム画面にあるアプリアイコンをタップしよう。これでアプリが起動する。

2 アプリの画面が表示される

アプリが全画面で起動する。なお、以前に起動したアプリの場合は、前回終了した画面から利用が可能だ。

3 アプリを終了するには？

アプリを終了するには、ホーム画面に戻ればいい。ホーム画面の戻り方はNo004で解説している。

009

触覚タッチや3D Touch機能を使う
ロングタップや画面押し込みでメニューを表示

 本体操作

ホーム画面に並んでいるアイコンをロングタップ、もしくは画面を強く押し込むと、メニューが表示される（iPhone XRなど一部機種ではこのメニューは表示されない）。ここから各種アプリの機能をすぐ呼び出したり、アプリの並べ替えをしたりが可能になっている。これは触覚タッチや3DTouchと呼ばれる操作で、ほかにもリンクなどをロングタップしてもメニューが表示されることがあるので覚えておこう。

アイコンをロングタップまたは押し込むと、メニューが表示されて各種操作が行えるようになる。

010

画面最下部をスワイプしてみよう
直前に使ったアプリを素早く表示する

 本体操作

iPhone 11などのホームボタンのない機種で、直前に使っていたアプリを再び使いたくなったときは、画面の最下部を右にスワイプしてみよう。すぐに直前に使っていたアプリの画面に切り替わる。さらに画面最下部を右にスワイプすると、その前に使っていたアプリが表示され、左にスワイプすれば、元の画面に戻すことが可能だ。この方法を使えば、過去に使ったアプリを次々に切り替えることができる。便利な操作なのでぜひ覚えておこう。

画面の最下部を右にスワイプすると、直前に使っていたアプリの画面に素早く切り替えることができる。

Appスイッチャーで過去に使用したアプリを表示

最近使用した
アプリの履歴を表示する

画面最下部から画面中央まで上にスワイプすると「Appスイッチャー」画面を表示可能だ（ホームボタン搭載iPhoneではホームボタンを2回連続で押す）。この画面では、過去に起動したアプリの履歴が各アプリの画面と共に一覧表示される。アプリの画面一覧を左右にスワイプして、再度使用したいものをタップして起動しよう。これにより、ホーム画面にいちいち戻ってアプリを探さなくても、素早く別のアプリに切り替えることが可能だ。なお、アプリ履歴のアプリ画面を上にスワイプすると、履歴から消去できる。

1 Appスイッチャー画面を表示する

画面最下部から画面中央まで上にスワイプする。ホームボタンのある機種ではホームボタンを2回連続で押せばいい

画面最下部から画面中央まで上に向かってスワイプしよう。Appスイッチャー画面が出たら指を離す。

2 アプリ画面が表示される

左右スワイプでアプリの画面を切り替える。アプリ画面をタップすれば、そのアプリが起動する

過去に起動したアプリの画面が表示される。アプリ画面をタップすれば、そのアプリを起動可能だ。

3 アプリを履歴から削除する

アプリ画面を上にスワイプして削除。このとき、アプリのバックグラウンド動作も終了する

アプリ画面を上にスワイプすると、履歴から削除が可能。また、この方法でアプリを完全に終了できる。

ホーム画面の不要なアプリを削除する

ホーム画面のアプリを削除、
アンインストールする

ホーム画面に配置しているアプリは、一部を除き、削除することが可能だ。まずはホーム画面のアプリをロングタップしよう。機種によってはメニューが表示されるが、そのまま画面を押し続ける。すると、アプリが震えだすので、アプリの左上にある「×」マークをタップ。表示された画面で「削除」を選べば、そのアプリはホーム画面から削除され、iPhone本体からアンインストールされる。その際、アプリ内のデータも消えてしまうので、大事なデータは別に保存しておくこと。

1 アイコンをロングタップする

アイコンをロングタップ（押し込まず、指を置き続ける感覚で）

"Any.do"を共有
Appを並べ替える

機種によってはメニューが表示されるが、そのまま指を離さず押し続ける

アプリを削除する場合は、ホーム画面のアイコンをロングタップ。メニューが表示されても押し続けよう。

2 「×」マークをタップする

「×」マークをタップ

アイコンがぶるぶる震えだしたら、削除したいアプリアイコンの左上にある「×」マークをタップする。

3 「削除」をタップする

"Any.do"を削除しますか？
このAppを削除すると、Appのデータも削除されます。

キャンセル　　削除

「削除」をタップ

「〜を削除しますか？」と表示されるので「削除」をタップ。これで削除およびアンインストールが完了だ。

013

 本体操作

使いやすいようにアプリを並べ替えよう
アプリの配置を変更する

ホーム画面に並んでいるアプリは、自由な場所に移動できる。まずホーム画面の適当なアプリをロングタップしよう。メニューが表示された場合も、そのままタップし続ける。すると、アプリが震える状態になるはずだ。この状態になると、アプリをドラッグして自由な位置に動かせる。また、アプリを画面の左右端まで持っていくと、前の／次のページに移動する。元の画面に戻るには、ホームボタンのない機種は画面を下から上にスワイプ、ホームボタンのある機種はホームボタンを押す。

1 ロングタップしてアプリを移動

ロングタップして震えだしたら、ドラッグして好きな場所に配置

アプリをロングタップし続けると、アイコンが震えだし、ドラッグで移動できるようになる。

2 通常のホーム画面に戻すには

ホームボタンのない機種は画面を下から上にスワイプする。ホームボタンのある機種はホームボタンを押す。右上の「終了」をタップしてもよい

アプリの移動を終えたら、画面を下から上にスワイプするか、ホームボタンを押せば元の画面に戻る。

🔍
こんなときは？

アプリが震えない時は

アプリをロングタップするとメニューが表示され、その状態でしばらく押し続けてもアプリが震え出さない時は、画面を押し込んでしまっている可能性がある。画面を押し込むのではなく、タップしたまましばらく指を離さない状態にすると、アプリが震えてドラッグできるようになる。

014

 本体操作

アプリを他のアプリに重ねるだけ
複数のアプリをフォルダにまとめる

アプリが増えてきたら、フォルダで整理しておくのがおすすめだ。「ゲーム」や「SNS」といったフォルダを作成してアプリを振り分けておけば、何のアプリが入っているかひと目で分かるし、目的のアプリを見つけるまでのページ切り替えも少なくて済む。フォルダを作成する方法は簡単で、No013の手順でアプリをドラッグできる状態にしたら、他のアプリに重ね合わせるだけ。フォルダから取り出すときは、アプリをドラッグできる状態にしてフォルダを開き、アプリをフォルダの外にドラッグすればよい。

1 アプリを他のアプリに重ねる

他のアプリにドラッグ

アプリをロングタップし、No013の手順でアイコンが震える状態にしたら、他のアプリに重ねる。

2 フォルダに名前を付ける

SNS

フォルダ名を入力

フォルダが作成され、重ねた2つのアプリが配置される。上部の入力欄でフォルダ名を入力しておこう。

3 フォルダから取り出す時は

フォルダの外にドラッグ

フォルダ内のアプリをホーム画面に戻すには、アプリを震える状態にしてフォルダ外にドラッグ。

ドックに一番よく使うアプリを配置しよう

本体操作

ホーム画面の一番下には独立したエリアが用意されており、「電話」「Safari」「メッセージ」「ミュージック」といった4つのアプリが配置されている。このエリアを「ドック」と言い、どのページに切り替えても常に表示されるので、アプリを探す必要もなく素早く起動できるようになっている。No013の手順でアプリが震える状態にすれば、ドック欄のアプリを自分がよく使うアプリに入れ替え可能だ。フォルダを配置することもできる。

ドラッグしてドックのアプリを外す

よく使うアプリやフォルダをドックに配置

ドック内の不要なアプリを外し、空きスペースに自分がよく使うアプリやフォルダを入れておこう。

アプリの配置を最初の状態に戻す

本体設定

iPhoneを使い続けていると、あまり使っていないアプリや、中身がよく分からないフォルダが増えて、ホーム画面が煩雑になってくる。そこで、一旦ホーム画面のレイアウトをリセットする方法を知っておこう。「設定」→「一般」→「リセット」→「ホーム画面のレイアウトをリセット」をタップすればよい。ホーム画面は初期状態に戻り、フォルダ内のアプリもすべてフォルダから出されて、2ページ目以降から名前順に配置される。

タップ

「設定」→「一般」→「リセット」→「ホーム画面のレイアウトをリセット」をタップする。

画面最上部に並ぶアイコンには意味がある

ステータスバーの見方を覚えよう

 本体操作

iPhoneの画面最上部には、時刻やバッテリー残量、電波強度のバーなどが表示されている。このエリアを「ステータスバー」と言う。iPhone 8などのホームボタンのある機種なら、画面の向きロックやアラームなど、iPhoneの状態や設定中の機能を示すステータスアイコンも表示される。iPhone 11などのホームボタンのない機種は、中央にノッチ（切り欠き）があるため、これらのアイコンは表示されない。画面右上から下にスワイプしてコントロールセンターを開けば、すべてのステータスアイコンを確認できる。

時刻や電波強度のバーが表示されるエリアをステータスバーと呼ぶ。ホームボタンのない機種は、中央に切り欠きがあるため他のステータスアイコンが表示されない

画面右上から下にスワイプしてコントロールセンターを開くと、全てのステータスアイコンを確認できる。主なステータスアイコンは右の通り

操作のヒント

ステータスバーの主なアイコン

✈ 機内モードがオン

📶 Wi-Fi接続中

🔒 画面の向きをロック中

📍 位置情報サービス利用中

⏰ アラーム設定中

🌙 おやすみモード設定中

018

各種機能のオン／オフを素早く行う

コントロールセンターの使い方を覚えよう

 本体操作

iPhone 11 Proなどのホームボタンのない機種は、画面の右上から下へスワイプ。iPhone 8などのホームボタンのある機種は、画面の下から上にスワイプしてみよう。別の画面が引き出されて、いくつかのボタンが表示されるされるはずだ。これは、よく使う機能や設定に素早くアクセスするための画面で、「コントロールセンター」と言う。いちいち「設定」画面を開かなくても、Wi-FiやBluetoothの接続／切断、機内モードや画面縦向きロックのオン／オフなど、さまざまな設定を簡単に変更できるので覚えておこう。ロングタップすることで、さらに別のボタンや詳細設定が表示されるものもある。

コントロールセンターの開き方と機能

ホームボタンのないの機種

画面右上から
下へスワイプ

ホームボタンのある機種

画面下から
上へスワイプ

コントロールセンターの機能

1 左上から時計回りに機内モード、モバイルデータ通信、Bluetooth、Wi-Fi。BluetoothとWi-Fiはオン／オフではなく、現在の接続先との接続／切断を行える。このエリアをロングタップすると、AirDropとインターネット共有の2つのボタンが追加表示される。

2 ミュージックアプリの再生、停止、曲送り／戻しの操作を行える。

3 左が画面縦向きのロック、右がおやすみモード。

4 画面ミラーリング。Apple TVに接続し、画面をテレビなどに出力できる機能。

5 左が画面の明るさ調整、右が音量調整。

6 左からフラッシュライト、タイマー、計算機、カメラ。下にいってQRコードのスキャンボタン。

019

本体操作

通知の基本と
おすすめの設定法

iPhoneでは、メールアプリで新着メールが届いたときや、カレンダーで登録した予定が迫った時などに、画面上部のバナーやロック画面で、「通知」が表示されるようになっている。届いた通知は、「通知センター」を開くことで履歴を確認できるので、まずは通知センターの開き方と操作方法を知っておこう。

また、あまり重要でないアプリから頻繁に通知が届いて、通知をいちいち消すのが煩わしかったり、メール内容の一部が通知画面に表示されるのを避けたい場合もあるだろう。そんな時は、「設定」→「通知」でアプリごとに個別に設定を変更できるので、一度確認しておこう。

通知センターを開いて通知を確認する

1 通知センターを開く

使用中の画面　　　　ロック画面

ホーム画面やアプリの使用中は、画面の左上か中央あたりを下にスワイプ。ロック画面では、画面の中央あたりを上にスワイプすると、通知センターが表示される。

3 不要な通知を消去する

不要な通知は、「×」→「消去」をタップするか、「×」をロングタップして「すべての通知を消去」をタップで消せる。または、アプリを起動して通知内容を確認した時点で通知は消える。

2 通知の履歴を確認する

通知の履歴が表示される。見逃した通知がないかスクロールして確認しよう。新着メールやメッセージの通知は、標準設定だと、ロックが解除されている時のみ内容の一部が表示される。

通知センターの通知を操作、管理する

1 通知のタップ、ロングタップ操作

タップしてアプリで確認

ロングタップで返信などの操作が可能

通知をタップすると、アプリが起動して通知内容を確認できる。ロングタップすると、メールやメッセージの返信、リマインダーの実行済みなど、さまざまな操作を通知画面から行える。

2 通知をスワイプしてできる操作

通知を左にスワイプ

通知を左にスワイプするとメニューが表示される。「消去」をタップするとこの通知を個別に消去できる。このアプリからの通知を目立たなくしたりオフにするには、「管理」をタップする。

2 通知の表示方法を管理する

「目立たない形で配信」を選ぶと、通知センターでのみ通知され、ロック画面には表示されず、サウンドは再生されず、バナーも表示されず、アイコンにバッジも付かない

「管理」→「目立たない形で配信」で、通知センターの表示以外の通知方法が無効になる。「オフにする」をタップすると、このアプリからの通知をすべて無効にできる。

通知のスタイルを適切に設定する

1 設定の「通知」でアプリを選択

タップ

タップ

通知の方法は、アプリごとに個別に設定できる。まず「設定」アプリを起動し、「通知」をタップ。通知設定を変更したいアプリをタップしよう。

2 通知のスタイルやサウンドを変更

重要度の低いアプリは、「通知を許可」をオフにしておけば通知されなくなる

「通知を許可」で通知をオフにしたり、通知をロック画面／通知センター／バナーで表示するかを選択できる。また、サウンドを変更したり、アイコンにバッジを表示するかも設定できる。

2 メッセージ内容を通知に表示させない

「ロックされていないときのみ」は、iPhoneのロックが解除されている時に、通知センターなどでメッセージ内容の一部を表示する。「しない」にすると、ロック中もロック解除時も、メッセージ内容は表示されない

メッセージやメールの通知は、内容の一部が通知画面に表示される。これを表示したくないなら、通知設定の下の方にある「プレビューを表示」をタップし、「しない」にチェック。

020

 本体操作

天気やニュースを素早く確認できる

ウィジェット画面の使い方

ホーム画面の最初のページやロック画面を右にスワイプすると、「NEWS」や「天気」といったアプリの情報が簡易的に表示される「ウィジェット」画面が開く。アプリを起動しなくても、ホーム画面から各アプリの最新情報を素早くチェックするための画面だ。自分でインストールしたアプリも、ウィジェット機能に対応していれば、ウィジェット画面に表示させることができ、並び順も自由に変更できる。よく使うアプリはウィジェット画面に追加しておいて、自分で見やすいようにカスタマイズしておこう。

1 ウィジェット画面を開く	**2** ウィジェット画面を編集する	**3** ウィジェットの追加と並び替え
ホーム画面の最初のページやロック画面を右にスワイプすると、ウィジェット画面が表示される。	ウィジェットを追加したり表示順を変更するには、ウィジェット画面の一番下にある「編集」をタップ。	各ウィジェットの三本線ボタンをドラッグして表示順を変更、「+」をタップして追加表示できる。

021

 本体操作

本体側面のスイッチを切り替え

iPhoneから音が鳴らないサイレントモードにする

音量ボタンで音量を一番下まで下げても、音楽や動画などが消音になるだけで、電話の着信音やメールなどの通知音は鳴る。着信音や通知音を消すサイレントモードにするには、iPhone本体の左側面にある「サイレントスイッチ」を、オレンジ色が見える位置に切り替えればよい。ただしサイレントモード中でも、アラーム音は鳴るので注意しよう。

オレンジ色が見える位置にスイッチを切り替え

022

 本体操作

2つの方法で確認できる

自分の電話番号を確認する方法

契約書などの記入時に、うっかり自分の電話番号を忘れてしまった時は、「設定」→「電話」をタップしてみよう。一番上の「自分の番号」欄に、自分の電話番号が表示されているはずだ。また、「設定」→「連絡先」→「自分の情報」で自分の連絡先を選択しておけば、連絡先アプリや電話アプリの連絡先画面で、一番上に「自分のカード」が表示されるようになる。これをタップすれば、自分の電話番号を確認することが可能だ。

「設定」→「電話」で確認

連絡先や電話アプリの「自分のカード」で確認

電話番号は「設定」→「電話」で確認するか、連絡先や電話アプリの「自分のカード」で確認しよう。

本体操作

文字入力の基本を押さえておこう
使いやすいキーボードを選択する

iPhoneでは、文字入力が可能な画面内をタップすると、自動的に画面下部にソフトウェアキーボードが表示される。地球儀キーや絵文字キーをタップすることで、「日本語-かな」「日本語-ローマ字」「英語（日本）」「絵文字」キーボードの切り替えが可能だ。フリック入力に慣れている人は「日本語-かな」、パソコンの文字入力に慣れている人は「日本語-ローマ字」と「英語（日本）」の組み合わせなど、自分で使いやすいキーボードで入力しよう。自分が使いたいキーボードに切り替わらないなら、下の囲みの通り、設定からキーボードを追加する。不要なキーボードは削除しておくこともできる。

キーボードの種類を切り替えるには

「絵文字」キーボードに切り替え

絵文字キーをタップすると、絵文字キーボードに切り替わる。元のキーボードに戻るには、「あいう」または「ABC」キーをタップする。

絵文字以外のキーボードに順番に切り替え

地球儀キーをタップすると、「日本語-かな」「日本語-ローマ字」「英語（日本）」キーボードが順番に切り替わる。

ロングタップで素早く切り替える

地球儀キーをロングタップ

地球儀キーをタップすると順番に切り替わるため、目的のキーボードに切り替えるまで数回のタップが必要になる。そこで、地球儀キーをロングタップしてみよう。利用できるキーボードが一覧表示されるので、使いたいキーボードをタップすれば、そのキーボードに直接切り替えできる。

こんなときは？

キーボードを追加する、削除する

目的のキーボードに切り替わらないなら、iPhoneにそのキーボードが追加されていない。「設定」→「一般」→「キーボード」→「キーボード」の「新しいキーボードを追加」で追加しよう。絵文字など普段使わないキーボードは、「編集」で削除したほうが、切り替え回数も減って快適だ。

不要なキーボードを削除したり、表示順を変更する

新しいキーボードを追加する

削除したキーボードは、「新しいキーボードを追加」でいつでも追加し直せる

024

2つの方法で文字を入力できる

日本語-かなキーボード
での文字入力方法

 本体操作

　「日本語-かな」は、携帯電話のダイヤルキーとほぼ同じ配列で、12個の文字キーが並んだキーボードだ。iPhoneの標準と言えるキーボードなので、基本操作を覚えておこう。日本語-かなキーボードでは、「トグル入力」と「フリック入力」の2つの方法で文字を入力できる。「トグル入力」は、文字キーをタップするごとに入力文字が「あ→い→う→え→お」と変わっていく入力方式。キータッチ数は増えるが、単純で覚えやすい。「フリック入力」は、文字キーを上下左右にフリックすることで、その方向に割り当てられた文字を入力する方式。トグル入力よりも、すばやく効率的な文字入力が可能だ。

「日本語-かな」のキー配列と入力方法

トグル入力

にほ

な × 2回　＋　は × 5回

携帯電話と同じ入力方法で、キーをタップするごとに「あ→い→う→え→お→…」と入力される文字が変わる。

フリック入力

にほ

な　＋　は

キーを上下左右にフリックした方向で、入力される文字が変わる。キーをロングタップすれば、フリック方向の文字を確認できる。

画面の見方と文字入力の基本

文字を入力する

こんにちは

①入力
文字の入力キー。ロングタップするとキーが拡大表示され、フリック入力の方向も確認できる。

②削除
カーソルの左側の文字を1字削除する。

③文字送り
「ああ」など同じ文字を続けて入力する際に1文字送る。

③逆順
トグル入力時の文字が「う→い→あ」のように逆順で表示される。

濁点や句読点を入力する

がぱぁー、。？！

①濁点／半濁点／小文字
入力した文字に「゛」や「゜」を付けたり、小さい「っ」などの小文字に変換できる。

②長音符
「わ」行に加え、長音符「ー」もこのキーで入力できる。

③句読点／疑問符／感嘆符
このキーで「、」「。」「？」「！」を入力できる。

文字を変換する

①変換候補
入力した文字の変換候補が表示され、タップすれば変換できる。

②その他の変換候補
タップすれば、その他の変換候補リストが開く。もう一度タップで閉じる。

③次候補／空白
次の変換候補を選択する。確定後は「空白」キーになり全角スペースを入力。

④確定／改行
変換を確定する。確定後は「改行」キー。

アルファベットを入力する

ABCabc

①入力モード切替
「ABC」をタップするとアルファベット入力モードになる。

②「@」などの入力
アドレスの入力によく使う「@」「#」「/」「&」「_」記号を入力できる。

③大文字／小文字変換
大文字／小文字に変換する。

④「'」などの入力
「'」「"」「(」「)」記号を入力できる。

数字や記号を入力する

123☆♪→

①入力モード切替
「☆123」をタップすると数字／記号入力モードになる。

②数字／記号キー
数字のほか、数字キーの下に表示されている各種記号を入力できる。

顔文字を入力する

①顔文字
日本語入力モードで何も文字を入力していないと、顔文字キーが表示され、タップすれば顔文字を入力できる。

②顔文字変換候補
顔文字の変換候補が表示され、タップすれば入力される。

③その他の顔文字変換候補
タップすれば、その他の変換候補リストが開く。もう一度タップで閉じる。

本体操作

パソコンと同じローマ字入力で入力しよう
日本語-ローマ字キーボード
での文字入力方法

「日本語-ローマ字」は、パソコンのキーボードとほぼ同じ配列のキーボードだ。日本語入力の方法も、パソコンと同じくローマ字入力で行う。普段からパソコンを利用している人なら、あまり使い慣れていない「日本語-かな」を使うよりも、「日本語-ローマ字」に切り替えた方が入力は速いだろう。ただし、「日本語-かな」と比べると文字キーのサイズが小さくなるので、タップ操作はしづらい。また、シフトキーなど特殊な使い方をするキーもあるので注意しよう。日本語に変換せずに、英字を直接入力したい時は、「英語（日本）」キーボードに切り替えて入力したほうが早い。

QWERTYキータイプのキー配列と入力方法

ローマ字入力

にほ

n + i + h + o

「ni」とタップすれば「に」が入力されるなど、パソコンでの入力と同じローマ字かな変換で日本語を入力できる。

オススメ操作

英字入力は「英語（日本）」が便利

英字を入力する場合、「日本語-ローマ字」でも変換候補から選択できるが、ひと手間余計にかかる。「英語（日本）」キーボードで直接入力するのがおすすめだ。キーボードを切り替えできない時は、No023の囲みの手順で「英語（日本）」を追加しておこう。

画面の見方と文字入力の基本

文字を入力する

こんにちは

①入力
文字の入力キー。「ko」で「こ」が入力されるなど、ローマ字かな変換で日本語を入力できる。

②全角英字
ロングタップするとキーが拡大表示され、全角で英字を入力できる。

③削除
カーソル左側の文字を1字削除する。

濁点や小文字を入力する

がぱぁー|

①濁点／半濁点／小文字
「ga」で「が」、「sha」で「しゃ」など、濁点／半濁点／小文字はローマ字かな変換で入力する。また最初に「l（エル）」を付ければ小文字（「la」で「ぁ」）、同じ子音を連続入力で最初のキーが「っ」に変換される（「tta」で「った」）。

②長音符
このキーで長音符「ー」を入力できる。

文字を変換する

①変換候補
入力した文字の変換候補が表示され、タップすれば変換できる。

②その他の変換候補
タップすれば、その他の変換候補リストが開く。もう一度タップで閉じる。

③次候補／空白
次の変換候補を選択する。確定後は「空白」キーになり全角スペースを入力。

④確定／改行
変換を確定する。確定後は「改行」キー。

アルファベットを入力する

ABCabc|

①「英語（日本）」に切り替え
タップ、またはロングタップして「英語（日本）」キーボードに切り替えると、アルファベットを入力できる。

②アクセント記号を入力
一部キーは、ロングタップするとアクセント記号文字のリストが表示される。

③スペースキー
半角スペース（空白）を入力する。ダブルタップすると「. 」（ピリオドと半角スペース）を自動入力。

シフトキーの使い方

①小文字入力
シフトキーがオフの状態で英字入力すると、小文字で入力される。

②1字のみ大文字入力
シフトキーを1回タップすると、次に入力した英字のみ大文字で入力する。

③常に大文字入力
シフトキーをダブルタップすると、シフトキーがオンのまま固定され、常に大文字で英字入力するようになる。もう一度シフトキーをタップすれば解除され、元のオフの状態に戻る。

句読点/数字/記号/顔文字

123#+=^_^

①入力モード切替
「123」キーをタップすると数字／記号入力モードになる。

②他の記号入力モードに切替
タップすると、「#」「+」「=」などその他の記号の入力モードに変わる。

③句読点／疑問符／感嘆符
「、」「。」「?」「!」を入力できる。英語（日本）キーボードでは「.」「,」「?」「!」を入力。

④顔文字
日本語-ローマ字キーボードでは、タップすると顔文字を入力できる。

大量の絵文字から選べる

絵文字キーボードの使い方

本体操作

No023で解説しているように、「日本語-かな」や「日本語-ローマ字」キーボードに表示されている絵文字キーをタップすると、「絵文字」キーボードに切り替わる。「スマイリーと人々」「動物と自然」「食べ物と飲み物」など、テーマごとに独自の絵文字が大量に用意されているので、文章を彩るのに活用しよう。一部の顔や人物の絵文字などは、ロングタップして肌の色を変えることもできる。元のキーボードに戻るには、下部の「あいう」や「ABC」といったボタンをタップすればよい。

絵文字キーボードの画面の見方

①**絵文字キー** 絵文字やミー文字のステッカーを入力。
②**テーマ切り替え** 絵文字のテーマを切り替え。左右スワイプでも切り替えできる。
③**よく使う絵文字** よく使う絵文字を表示する。
④**削除** カーソル左側の文字を1字削除する。
⑤**キーボード切り替え** 元のキーボードに戻る

オススメ操作

絵文字キーボードがなくても入力できる

絵文字キーボードを削除していても、変換候補に絵文字が表示され、タップして入力できる。絵文字をあまり使わないならこの方法が手軽。

変換候補の絵文字をタップして入力できる

入力した文字を編集しよう

文字や文章をコピーしたり貼り付けたりする

本体操作

入力した文字の編集を行うには、まず文字を選択状態にしよう。テキスト内を一度タップするとカーソルが表示され、このカーソルをタップすると、「選択」や「すべてを選択」といったメニューが表示される。文章の選択範囲は、左右端のカーソルをドラッグすることで自由に調節可能だ。文章を選択すると、上部のメニューで「カット」「コピー」などの操作を行える。カットやコピーした文字列は、カーソルをタップして表示されるメニューから、「ペースト」をタップすると、カーソル位置に貼り付けできる。

1 文字列を選択状態にする

テキスト内のカーソルをタップして、上部メニューの「選択」や「すべてを選択」をタップする。

2 選択した文章をコピーする

左右のカーソルをドラッグして選択範囲を調整したら、上部メニューで「カット」や「コピー」をタップ。

3 コピーした文章を貼り付ける

貼り付けたい位置にカーソルを移動してタップし、「ペースト」で選択した文字を貼り付けできる。

横向きなら動画も広い画面で楽しめる
画面を横向きにして利用する

横向きで撮影した動画を再生する場合などは、iPhone本体を横向きに倒してみよう。端末の向きに合わせて、画面も自動的に回転し横向き表示になる。画面が横向きにならない時は、コントロールセンターの「画面縦向きのロック」がオンになっているので、オフにしておこう。なお、このボタンは画面を縦向きに固定するもので、横向き時にオンにしても横向きのまま固定することはできない。寝転がってWebサイトを見る際など、画面の回転がわずらわしい場合は、画面を縦向きに固定しておこう。

「画面縦向きのロック」がオフになっていれば、iPhoneを横向きにすると、画面も自動的に回転して横向き表示になる。

コントロールセンターの「画面縦向きのロック」は、画面を縦向きにロックする機能で、横向きではロックできない。

オススメ操作

YouTubeを横向きで固定して見る

「画面縦向きのロック」ボタンでは横向きで固定できないが、YouTubeなど一部のアプリは、画面を最大化することで横向きに固定できる。

タップすると横画面で最大化

パスワードを入力して接続しよう
Wi-Fiに接続する

初期設定の際にWi-Fiに接続しておらず、あとから設定する場合や、友人宅などでWi-Fiに接続する際は、まずルータのネットワーク名（SSID）と接続パスワード（暗号化キー）を確認しておこう。続けて、iPhoneの「設定」→「Wi-Fi」をタップし、「Wi-Fi」のスイッチをオン。周辺のWi-Fiネットワークが表示されるので、確認しておいたネットワーク名をタップし、パスワードを入力すれば接続できる。一度接続したWi-Fiネットワークには、今後は接続できる距離にいれば自動的に接続するようになる。

1 ネットワーク名とパスワードを確認

自宅のルータなどの側面を見ると、このルータに接続するためのネットワーク名とパスワードが記載されている。まずはこの情報を確認しておこう。

2 設定の「Wi-Fi」で接続する

iPhoneの「設定」→「Wi-Fi」をタップし、接続するネットワーク名をタップ。続けてパスワードを入力し「接続」をタップすれば、Wi-Fiに接続できる。

3 Wi-Fiに接続されているか確認

モバイルデータ通信中のアイコン

Wi-Fi接続中のアイコン

YouTubeなどの動画を再生する際は、通信量を大量に消費してしまうので、Wi-Fi接続されているか確認するくせを付けよう。

初期設定のまま使ってはいけない
iPhoneを使いやすくするためにチェックしたい設定項目

iPhoneにはさまざまな設定項目があり、アプリと一緒に並んでいる「設定」をタップして細かく変更できる。iPhoneの動作や画面表示などで気になる点がないならそのまま使い続けて問題ないが、何か使いづらさやわずらわしさを感じたら、該当する設定項目を探して変更しておこう。それだけで使い勝手が変わったり、操作のストレスがなくなることも多い。ここでは、あらかじめチェックしておいた方がよい設定項目をまとめて紹介する。それぞれ、「設定」のどのメニューを選択していけばよいかも記載してあるので、迷わず設定できるはずだ。

使いこなしP O I N T

文字が小さくて読みにくいなら

画面に表示される文字の大きさを変更

画面に表示される文字が小さくて読みづらい場合は、設定で文字を大きくしよう。「設定」→「画面表示と明るさ」→「テキストサイズを変更」の画面下にあるスライダを右にドラッグ。メニューやメールの文章など、さまざまな文字が大きく表示されるようになる。

さらに大きな文字を使用したい場合は、"アクセシビリティ"設定で設定できます

右にドラッグ

あ ━━━━━━━━━━━ あ

右にドラッグするほど文字が大きくなる。7段階で大きさを調整できる。

↓

21:49

全受信 ∧ ∨

お疲れさまです。
明日の打ち合わせですが、時間の変更をお願いできますでしょうか。
15時開始だと助かります。

設定メニューやメール、Twitter、LINEなどさまざまな画面で表示される文字が大きくなった。また、「テキストサイズを変更」の下にある「文字を太くする」をオンにすれば、表示される文字が太くなり、さらに読みやすくなる

スリープが早すぎる場合は

画面が自動で消灯するまでの時間を長くする

iPhoneは一定時間画面を操作しないと画面が消灯し、スリープ状態になる。無用なバッテリー消費を抑えるとともにセキュリティにも配慮した仕組みだが、すぐに消灯すると使い勝手が悪い。「設定」→「画面表示と明るさ」→「自動ロック」で、少し長めに設定しておこう。

18:04

戻る　　自動ロック

30秒
1分
2分　　　　　　　　　　　✓
3分
4分
5分
なし

2分か3分がおすすめ

操作時の音がわずらわしいなら

キーボードをタップした時の音を無効にする

キーボードの文字のキーは、タップするたびに音が鳴る。文字を入力した感触が得られる効果はあるが、わずらわしくなったり公共の場で気になったりすることも多い。そんな時は、「設定」→「サウンドと触覚」→「キーボードのクリック」のスイッチをオフにしておこう。

新着メール　　　　　　　なし
メール送信　　　　　　　なし
カレンダーの通知音　バイブレーションのみ
リマインダーの通知音　　　入力
AirDrop

キーボードのクリック
ロック時の音

システムの触覚
システムコントロールと操作のために触覚を再生します。

スイッチをオフにする

画面の黄色っぽさ
が気になる場合は

　画面の黄色っぽい表示が気になる場合は、「設定」→「画面表示と明るさ」で「True Tone」のスイッチをオフにしよう。True Toneは、周辺の環境光を感知しディスプレイの色や彩度を自動調整する機能だが、画面が黄色味がかる傾向がある。

スイッチをオフに。なお、True ToneはiPhone 7以前には搭載されていない

ホーム画面やロック画面
の壁紙を変更する

　ホーム画面やロック画面の壁紙（背景）は別の画像に変更できる。「設定」→「壁紙」→「壁紙を選択」→「静止画」で別の壁紙を選択しよう。また、「ダイナミック」は動く壁紙で、「Live」は画面を押すと動く壁紙だ。写真アプリから、自分が撮影した写真を選ぶこともできる。

壁紙を選んで「設定」をタップ。ロック画面とホーム画面で別々の画像を設定することもできる

画面の明るさ
を調整する

　iPhoneの画面の明るさは、周囲の光量によって自動で調整される。明るい場所では明るく、暗い場所では暗くなり、画面を見やすくしてくれる。自動調整された明るさで画面が見にくいと感じたら、手動でも調整可能だ。コントロールセンターで明るさ調整のスライダを上下にスワイプしよう。

上下にスワイプ

パスコードを4桁の
数字に変更する

　ロック解除に顔認証や指紋認証を使っていても、うまく認証されず結局パスコードを入力する機会は多い。パスコードは、より素早く入力できる4桁に変更可能だ。ただし、セキュリティの強度は下がってしまうので注意しよう。また、英数字を使ったパスコードを設定することも可能。

「設定」→「Face ID（Touch ID）とパスコード」→「パスコードを変更」で、現在のパスコードを入力し、「パスコードオプション」をタップ。続けて「4桁の数字コード」を選択しよう

持ち上げただけで画面が
点灯しないようにする

　iPhoneは、持ち上げて手前に傾けるだけでスリープを解除し画面が点灯する。素早く利用開始できる反面、使わないのに画面が点灯してしまうのは困るという人も多いはずだ。「設定」→「画面表示と明るさ」で「手前に傾けてスリープ解除」をオフにすれば、この機能を無効にできる。

スイッチをオフに

設定をすべて
リセットする

　iPhoneの設定項目は多岐にわたり、自分の使いやすいよう変更できるが、よくわからないまま変更して意図しない動作が発生してしまうこともある。そしてどの設定を変更したかもよくわからない…といったことも起こりがちだ。そんな時は設定を一度初期状態にリセットしてしまおう。

「設定」→「一般」→「リセット」で「すべての設定をリセット」をタップ。「すべてのコンテンツと設定を消去」をタップすると、保存されているデータも消えてしまうので注意しよう

アプリの入手やiCloudの利用に必ず必要

Apple IDを
取得する

「Apple ID」とは、iPhoneのさまざまな機能やサービスを利用する上で、必須となる重要なアカウントだ。App Storeでアプリをインストールしたり、iTunes Storeでコンテンツを購入したり、iCloudでiPhoneのバックアップを作成するには、すべてApple IDが必要となる。まだ持っていないなら、必ず作成しておこう。なお、Apple IDはユーザー1人につき1つあればいいので、以前iPhoneを使っていたり、iPadなど他のAppleデバイスをすでに持っているなら、その端末のApple IDを使えばよい。以前購入したアプリや曲は、同じApple IDでサインインしたiPhoneでも無料で利用できる。

Apple IDを新規作成する手順

1 設定アプリの一番上をタップ

「設定」アプリを起動して、一番上に「iPhoneにサインイン」と表示されるなら、まだApple IDでサインインを済ませていない。これをタップしよう。

2 Apple IDの新規作成画面を開く

すでにApple IDを持っているなら、IDを入力してサインイン。まだApple IDを持っていないなら、「Apple IDをお持ちでないか忘れた場合」→「Apple IDを作成」をタップ。

3 メールアドレスを入力する

名前と生年月日を入力したら、普段使っているメールアドレスを入力しよう。このアドレスがApple IDになる。新しくメールアドレスを作成して、Apple IDにすることもできる。

4 パスワードを入力する

続けて、Apple IDのパスワードを設定する。パスワードは、数字／英文字の大文字と小文字を含んだ8文字以上で設定する必要がある。

5 認証用の電話番号を登録する

「電話番号」画面で、iPhoneの本人確認に使用するための電話番号を登録する。電話番号を確認し、「続ける」をタップしよう。あとは利用規約の同意を済ませれば、Apple IDが作成される。

6 メールアドレスを確認して設定完了

「設定」画面上部の「メールアドレスを確認」をタップし、「メールアドレスを確認」をタップ。Apple IDに設定したアドレスに届く確認コードを入力すれば、Apple IDが使える状態になる。

アプリ

さまざまな機能を備えたアプリを手に入れよう
App Storeからアプリを
インストールする

iPhoneでは、標準でインストールされているアプリを使う以外にも、「App Store」アプリから、他社製のアプリをインストールして利用できる。App Storeには膨大な数のアプリが公開されており、漠然と探してもなかなか目的のアプリは見つからないので、「Today」「ゲーム」「App」メニューやキーワード検索を使い分けて、欲しい機能を備えたアプリを見つけ出そう。なお、App Storeの利用にはApple ID（No031で解説）が必要なので、iPhoneの「設定」→「iTunes StoreとApp Store」で、あらかじめサインインしておこう。また、有料アプリの購入には支払い方法の登録が必要（No033で解説）。

無料アプリをインストールする方法

1 App Storeでアプリを探す

「App Store」アプリを起動し、下部の「Today」「ゲーム」「App」で、カテゴリ別やランキング順に探そう。「Arcade」で配信されているゲームは、月額600円で遊び放題になる。

2 アプリの「入手」ボタンをタップ

欲しいアプリが見つかったら、詳細画面を開いて、内容や評価を確認しよう。無料アプリの場合は「入手」ボタンが表示されるので、これをタップすればインストールできる。

3 認証を済ませてインストール

「インストール」をタップしてパスワードを入力すれば、インストールが開始される。インストールが完了すると、ホーム画面にアプリのアイコンが追加されているはずだ。

こんなときは?

目的のアプリを探し出すための検索のコツ

ランキングから探したいなら、「App」タブで「トップ有料」や「トップ無料」の「すべて表示」をタップ。右上の「すべてのApp」でカテゴリを絞り込める。アプリ名が分かっていたり、欲しい機能を持ったアプリを探したい場合は、「検索」タブでキーワード検索しよう。

033

支払い情報の登録が必要

App Storeから有料アプリをインストールする

 アプリ

App Storeで有料アプリを購入するには、アプリの詳細画面を開いて、価格表示ボタンをタップすればよい。支払い情報を登録していない場合は、インストール時に表示される画面の指示に従い、登録を済ませよう。支払方法としては「クレジットカード」のほかに、通信会社への支払いに合算する「キャリア決済」や、コンビニなどで購入できるプリペイドカード「App Store & iTunes ギフトカード」が利用可能だ。一度購入したアプリはApple IDに履歴が残るので、iPhoneからアプリを削除しても無料で再インストールできるほか、同じApple IDを使うiPadなどにインストールすることも可能だ。

有料アプリを購入してインストールする方法

1 アプリの価格ボタンをタップ

有料アプリの場合は、インストールボタンが「入手」ではなく価格表示になっている。これをタップして、無料アプリの時と同様にインストールを進めればよい。

2 支払い情報が未登録の場合

↓

支払い情報がないとこの画面が表示されるので、「続ける」→「お支払い方法を追加」をタップ。「クレジット／デビットカード」か「キャリア決済」にチェックし、支払い方法を登録しよう。

3 ギフトカードで支払う場合は

↓

「App Store & iTunes ギフトカード」で支払うには、カード裏面の銀色の部分を剥がしてコードを表示し、「Today」画面などの下部にある「コードを使う」から登録しよう。

こんなときは？

有料アプリの評価を判断するコツ

有料で購入するからには使えるアプリを選びたいもの。アプリの詳細画面で、評価とレビューを確認してから選ぼう。最近は、サクラレビューや同業他社による低評価が蔓延しており、あまり当てにならないことが多いが、アプリの内容や使い勝手にしっかり触れたレビューは参考になる。

2

SECTION

アプリの
操作ガイド

電話やメール、カメラなどiPhone
にはじめから用意されているアプリ
の使い方を詳しく解説。電話をかけ
たりネットで調べ物をするといった、
よく行う操作をすぐにマスターでき
る。また、LINEやInstagram、
Twitterなどの人気アプリの始め
方や使い方もしっかり解説。

034

電話アプリで発信しよう

iPhoneで
電話をかける

 電話

iPhoneで電話をかけるには、ホーム画面下部のドックに配置されている、「電話」アプリを利用する。初めて電話する相手やお店などには、下部メニューの「キーパッド」画面を開いてダイヤルキーで電話番号を入力し、発信ボタンをタップしよう。呼び出しが開始され、相手が応答すれば通話ができる。下の囲み

で解説している通り、Webサイトやメールでリンク表示になっている電話番号は、タップして「発信」をタップするだけで電話をかけることが可能だ。かかってきた電話に折り返したい時は、No038で解説している通り、「履歴」画面から相手を選んでタップすればよい。

電話番号を入力して電話をかける

1 電話アプリの キーパッドを開く

まずは、ホーム画面下部のドック欄にある電話アプリをタップして起動しよう。電話番号を入力して電話をかけるには、下部メニューの「キーパッド」をタップしてキーパッド画面を開く。

2 電話番号を入力 して発信する

ダイヤルキーをタップして電話番号を入力し、発信ボタンをタップしよう。発信ボタンの右にある削除ボタンをタップすれば、入力した電話番号を1字削除して、入力し直すことができる。

3 呼び出しが 開始される

発信ボタンをタップすると呼び出しが開始され、相手が応答すれば通話ができる。電話番号が連絡先に登録されている場合は、呼び出し画面に写真や名前が表示される。

✿ オススメ操作

Webやメールに記載された番号にかける

Webサイトやメールの電話番号がリンク表示の場合は、タップして表示される「発信（電話番号）」をタップするだけで電話できる。リンク表示になっていない番号は、ロングタップでコピーして、電話アプリのキーパッド画面で電話番号の表示欄をロングタップし「ペースト」をタップ。

電話番号のリンクをタップし、「発信（電話番号）」をタップ

リンク表示でない電話番号は、ロングタップして「コピー」し、キーパッド画面の番号表示欄をロングタップして「ペースト」で貼り付けて発信できる

アプリ

035

使用中とスリープ中で操作が違う

かかってきた電話を
受ける／拒否する

📞 電話

電話がかかってきたとき、iPhoneを使用中の場合は「応答」ボタンをタップして電話に出よう。電話に出られないなら、「拒否」ボタンで応答を拒否できる。応答を拒否した場合、相手の呼び出し音はすぐに切れる。iPhoneを使用しておらず、ロック画面で着信が表示された場合は、画面下部に表示される受話器ボタンを、右にスライドすれば電話に応答できる。応答を拒否するには、電源ボタンを2回押せばよい。なお、音量ボタンのどちらかか電源ボタンを1回押すと、着信音を即座に消すことができる。

**1 端末の使用中に
かかってきた場合**

端末の使用中に電話がかかってきた時は、「応答」をタップすれば電話に出られる。出られないなら「拒否」をタップしよう。

**2 スリープ中に
かかってきた場合**

スリープ中に電話がかかってきた時は、画面下部の受話器ボタンを右にスライドすれば応答できる。出られないなら、電源ボタンを2回押して拒否できる。

 アプリ

036

電話の切り忘れに注意

電話の通話を
終了する

📞 電話

通話中にホーム画面に戻ったり他のアプリを起動しても、通話はまだ終了していない。iPhoneは通話中でも、ブラウザで調べ物をしたり、メモを取るといった操作が可能だ。電話をしっかり切るには、通話画面の赤い受話器ボタンをタップするか、電源ボタンを押す必要があるので注意しよう。なお、通話中にホーム画面に戻ったり他のアプリを起動した際は、上部の時刻部分が緑色で表示される（ホームボタンのある機種は上部のステータスバーが緑色になる）。これをタップすると元の通話画面が表示される。

他のアプリを操作中でも、上部の時刻部分が緑色ならまだ通話が継続されている。電話を切るには、この緑色部分をタップしよう。

通話画面が表示されるので、下部の赤い通話終了ボタンをタップしよう。これで通話を終了できる。

⚙️ **オススメ操作**

電源ボタンでも
通話を終了できる

ステータスバーの緑色部分をタップして通話画面を表示させなくても、本体側面の電源ボタンを押すだけで通話は終了できる。こちらのほうが、素早く簡単に終了できるので覚えておこう。ただし、一度押すだけですぐ電話が切れてしまうので、通話中に誤って押してしまわないように注意しよう。

いちいち番号を入力しなくても電話できるように

友人や知人の連絡先を登録しておく

 連絡先

標準の「連絡先」アプリを使って、名前や電話番号、住所、メールアドレスなどを登録しておけば、iPhoneで連絡先をまとめて管理できる。この連絡先アプリは電話アプリとも連携するので、連絡先に登録済みの番号から電話がかかってきた際は、電話アプリの着信画面に名前が表示され、誰からの電話か

ひと目で分かるようになる。また、電話アプリの「連絡先」画面を開くと、連絡先アプリの連絡先一覧が表示され、名前で選んで電話をかけることも可能だ。いちいち電話番号を入力しなくても、すばやく電話できるようになるので、友人知人の電話番号はすべて連絡先アプリに登録しておこう。

連絡先アプリで連絡先を作成する

1 連絡先を作成・編集する

連絡先アプリを起動し、新規連絡先を作成する場合は「＋」ボタンをタップ。既存の連絡先の登録内容を編集するには、連絡先を開いて「編集」ボタンをタップしよう。

2 電話番号や住所を入力して保存

氏名、電話番号、メールアドレス、住所といった項目を入力し、「完了」をタップで保存できる。「写真を追加」をタップすれば、この連絡先の写真を設定できる。

3 電話アプリの連絡先から電話する

電話アプリの「連絡先」画面を開き、連絡先を開いて電話番号をタップすれば、その番号に発信できる。または「発信」ボタンで、電話、FaceTime、LINEなど発信方法を選択できる。

 こんなときは?

誤って削除した連絡先を復元する

誤って連絡先を削除した時は、パソコンかiPadのブラウザでiCloud.com(https://www.icloud.com/)にアクセスしよう。Apple IDでサインインして「アカウント設定」を開き、詳細設定欄にある「連絡先の復元」をクリック。復元したい日時を選択すれば、その時点の連絡先に復元できる。

バッジや通知センターで確認
不在着信に
かけなおす

不在着信があると、電話アプリアイコンの右上に数字が表示されているはずだ。これは不在着信の件数を表す数字で、「バッジ」と呼ばれる。折り返し電話するには、電話アプリを起動し、「履歴」画面で着信のあった相手の名前や電話番号をタップすればよい。不在着信だけを確認したいなら、「履歴」画面の上部のタブを「不在着信」に切り替えよう。なお、不在着信はバッジだけでなく、ロック画面に表示される通知でも確認可能だ。履歴画面で不在着信を確認した時点で、バッジや通知は消える。

不在着信があると、電話アプリアイコンの右上に赤い丸が表示される。数字は不在着信の件数。

「不在着信」タブに切り替えると、不在着信のみ一覧表示される

不在着信のあった相手をタップ

折り返し電話したい場合は、電話アプリの「履歴」画面で相手の名前や電話番号をタップすればよい。

すぐに電話が発信される。同じ相手にリダイヤルしたい時も、履歴画面から掛け直すのが早い。

端末内に保存していつでも確認できる
留守番電話を
利用する

電話に応答できない時に、相手の伝言メッセージを録音する留守番電話機能を使いたい場合は、ドコモなら「留守番電話サービス」、auなら「お留守番サービス EX」、ソフトバンクなら「留守番電話プラス」の契約（どれも月額330円の有料オプション）が必要だ。録音されたメッセージは、電話アプリの「留守番電話」画面で、いつでも再生することができる。この画面に録音メッセージが表示されない時は、「ビジュアルボイスメール」機能が有効になっていないので、各キャリアで設定を確認しよう。

タップして再生

電話アプリの「留守番電話」画面で、録音されたメッセージを確認できる。タップして再生しよう。

左にスワイプして削除

不要な録音メッセージは、左いっぱいにスワイプで削除できる。「削除したメッセージ」から復元も可能。

ドコモの場合は「My docomo」のサイトで「ビジュアルボイスメール設定」を「利用する」に設定しておく

「留守番電話」画面に録音メッセージが表示されない時は、各キャリアの設定を確認しよう。

040 よく電話する相手にすぐかけらるよう登録する

「よく使う項目」ですばやく電話

電話

よく電話する相手は、「よく使う項目」に登録しておこう。電話アプリの「よく使う項目」を開いたら、上部の「＋」ボタンをタップ。連絡先一覧から相手を選び、電話番号を選択すれば、「よく使う項目」画面に登録された名前をタップするだけで、素早くその番号に発信できる。なお、LINEやFaceTimeの音声通話、ビデオ通話なども登録でき、タップするだけで対応アプリが起動して、素早く発信できる。

電話アプリの「よく使う項目」で「＋」をタップして連絡先を選択、続けて発信する番号などを選択する。

041 電話で話しながら他のアプリを操作する

他のアプリを使っても通話は切れない

電話

iPhoneは通話中でも、ホーム画面に戻ったり、Safariやマップなど他のアプリを起動して、画面を見ながら会話を続けることが可能だ。通話中に他の画面を開いた時は、画面上部の時刻部分やステータスバーが、緑色の表示になる。これをタップすると元の通話画面に戻る。なお、他のアプリを操作しながらしゃべるには、No042のスピーカー出力をオンにして、相手の声がスピーカーから聞こえるようにしておいた方が便利だ。

通話中にホーム画面に戻って、他のアプリを起動してみよう。通話を継続しつつ他のアプリを操作できる。

042 置いたまま話せるようスピーカーホンを利用する

耳に当てなくても声が聞こえる

電話

iPhoneを机などに置いてハンズフリーで通話したい時は、通話画面に表示されている「スピーカー」ボタンをタップしよう。iPhoneを耳に当てなくても、相手の声が端末のスピーカーから大きく聞こえるようになる。No041で解説したように、他のアプリを操作しながら電話したい場合も、スピーカーをオンにしておいた方が、スムーズに会話できて便利だ。スピーカーをオフにしたい場合は、もう一度「スピーカー」ボタンをタップすればよい。

「スピーカー」をオンにすると、iPhoneを耳に当てなくても、スピーカーから相手の声が聞こえる。

043 宅配便の再配達依頼など通話中に番号入力を行う

キーパッドボタンで入力しよう

電話

宅配便の再配達サービスや、各種サポートセンターの音声ガイダンスなど、通話中にキー入力を求められる機会は多い。そんな時は、通話画面に表示されている「キーパッド」ボタンをタップしよう。ダイヤルキー画面が表示され、数字キーをタップしてキー入力ができるようになる。元の通話画面に戻りたい時は、通話終了ボタンの右にある「非表示」をタップすればよい。ダイヤルキー画面が閉じて、元の通話画面に戻る。

044

無料の通話アプリFaceTimeを使ってみよう

iPhone同士で
ビデオ通話を利用する

 FaceTime

iPhoneには、FaceTimeと呼ばれる通話アプリが標準搭載されている。これを使えば、LINEのような音声通話やビデオ通話機能を無料で使うことができる。ただし、通話できるのは相手がiPhoneやiPad、Macの場合のみ。Android端末とは通話できないので注意しよう。FaceTimeは、相手のメールアドレ

ス（Apple ID）もしくは電話番号さえわかっていれば、すぐに発信可能だ。iPhoneユーザー同士なら手軽に使えるので、家族や親しい友達同士で電話の代わりに使ってみるのもオススメ。なお、ビデオ通話は、1分あたり30MB前後のデータ量で通信が行われる。モバイルデータ通信時は使いすぎないようにしよう。

FaceTimeでビデオ通話を行う方法

1 FaceTimeアプリで 新規の通話を追加

「+」ボタンで新しい連絡先との通話を追加

過去に通話したことがある場合は、通話履歴一覧から再発信が可能

まずはFaceTimeを起動しよう。初めて使う場合は、画面右上の「+」ボタンをタップして、連絡先を指定する。過去に通話したことがある場合は、通話履歴から再発信ができる。

2 電話番号かメールアドレス ですぐに発信できる

電話番号かメールアドレスを入力

連絡先に登録されている場合は、候補から通話したい相手をタップ

通話の方法を選択してタップして発信

手順1で「+」ボタンをタップした場合、「宛先」欄に相手の電話番号かメールアドレス（Apple ID）を入力。通話の種類を「オーディオ」または「ビデオ」から選んでタップすれば発信される。

3 FaceTimeで ビデオ通話を行う

通話中は画面をタップして各種ボタンを表示することができる

ビデオ通話が開始されると、相手の顔が表示され、自分の顔は画面端に表示される。画面タップで、エフェクトや消音などの各種ボタンを表示可能だ。通話を終了するには「終了」をタップ。

こんなときは？

ビデオ通話中に エフェクトで 遊んでみよう

FaceTimeでビデオ通話中は、エフェクトボタンで映像にいろいろな加工を施せる。猿のマークをタップすれば、アニ文字やミー文字といったキャラクターを使い、自分の顔の表情や動作を置き換えることが可能だ（機種によっては未対応）。また、フィルタやステッカーの適用などもできる。

通話中に「エフェクト」をタップして、効果を選ぶ

顔をアニ文字に置き換えたり、フィルタやステッカーなどを適用したりできる

045

iPhoneにメールアカウントを追加しよう
iPhoneでメールを送受信する

 メール

普段使っている自宅や会社のメールは、iPhoneに最初から用意されている「メール」アプリで送受信できる。使いたいアドレスが「Gmail」や「Yahoo! メール」などの主要なメールサービスであれば、メールアドレスとパスワードを入力するだけで簡単に設定が終わるが、その他のメールを送受信できるよ

うにするには、送受信サーバーの入力を自分で行う必要がある。あらかじめ、プロバイダや会社から指定されたメールアカウント情報を手元に準備しておこう。メールの受信方法に「POP3」と書いてあれば「POP3」を、「IMAP」と書いてあれば「IMAP」をタップして設定を進めていく。

「設定」でメールアカウントを追加する

1 設定でアカウント追加画面を開く

メールアプリで送受信するアカウントを追加するには、まず「設定」アプリを起動し、「パスワードとアカウント」→「アカウントを追加」をタップ。アカウント追加画面が表示される。

2 主なメールサービスを追加するには

「Gmail」や「Yahoo! メール」などの主要なメールサービスは、「Google」「YAHOO!」などそれぞれのバナーをタップして、メールアドレスとパスワードを入力すれば、簡単に追加できる。

3 会社メールなどは「その他」から追加

会社や自宅のプロバイダメールを追加するには、アカウント追加画面の一番下にある「その他」をタップし、続けて「メールアカウントを追加」をタップしよう。

4 メールアドレスとパスワードを入力する

「その他」でアカウントを追加するには、自分で必要な情報を入力していく必要がある。まず、名前、自宅や会社のメールアドレス、パスワードを入力し、右上の「次へ」をタップ。

5 受信方法を選択しサーバ情報を入力

受信方法は、対応していればIMAPがおすすめだが、ほとんどの場合はPOPで設定する。プロバイダや会社から指定された、受信および送信サーバ情報を入力しよう。

6 メールアカウントの追加を確認

サーバとの通信が確認されると、元の「パスワードとアカウント」画面に戻る。追加したメールアカウントがアカウント一覧に表示されていれば、メールアプリで送受信可能になっている。

メールアプリで新規メールを作成して送信する

1 新規作成ボタンをタップする

メールアプリを起動すると、受信トレイが表示される。新規メールを作成するには、画面右下の新規作成ボタンをタップしよう。なお、左上の「メールボックス」でメールボックス一覧が開く。

2 メールの宛先を入力する

「宛先」欄にメールアドレスを入力する。または、名前やアドレスの一部を入力すると、連絡先に登録されているデータから候補が表示されるので、これをタップして宛先に追加する。

3 件名や本文を入力して送信する

件名や本文を入力し、上部の送信ボタンをタップすれば送信できる。作成途中で「キャンセル」→「下書きを保存」をタップすると、下書きメールボックスに保存しておける。

メールアプリで受信したメールを読む／返信する

1 読みたいメールをタップする

受信トレイでは、新着順に受信したメールが一覧表示されるので、読みたいメールをタップしよう。画面を下にスワイプすれば、手動で新着メールをチェックできる。

2 メール本文の表示画面

件名をタップするとメール本文が表示される。住所や電話番号はリンク表示になり、タップするとブラウザやマップが起動したり、電話を発信できる。

3 返信メールを作成して送信する

右下の矢印ボタンをタップすると、「返信」「全員に返信」「転送」メールなどを作成できる。「ゴミ箱」でメールを削除したり、「フラグ」で重要なメールに印を付けることもできる。

046

 メール

サポートページからプロファイルを入手しよう
通信会社のキャリアメールを利用する

iPhoneでドコモメール（@docomo.ne.jp）、auメール（@au.com／@ezweb.ne.jp）、ソフトバンクメール（@i.softbank.jp）を使うには、Safariでそれぞれのサポートページにアクセスし、設定を簡単に行うための「プロファイル」をダウンロードして、インストールすればよい。ドコモなら「My docomo」→「iPhoneドコモメール利用設定」から、auなら「auサポート」→「メール初期設定」から、ソフトバンクは「sbwifi.jp」にアクセスしてSMSで届いたURLにアクセスすれば、プロファイルを入手できる。インストールを済ませると、メールアプリでキャリアメールを送受信できるようになる。

iPhoneでドコモメールを使えるようにする

1 サポートページの設定画面を開く

ここではドコモメールを例に解説する。あらかじめWi-Fiをオフにし、Safariで「My docomo」にアクセス。「iPhoneドコモメール利用設定」の「ドコモメール利用設定サイト」をタップ。

2 プロファイルをダウンロードする

ネットワーク認証番号を入力し、「次へ進む」→「次へ」をタップ。メッセージが表示されたら、「許可」→「閉じる」をタップしよう。プロファイルがダウンロードされる。

3 プロファイルをインストールする

「設定」アプリを起動し、Apple IDの下にある「プロファイルがダウンロードされました」をタップ。続けて「インストール」をタップして、プロファイルのインストールを済ませよう。

操作のヒント

メールアプリでキャリアメールを送受信する

プロファイルをインストールしたら、「メール」アプリを起動しよう。メールボックス一覧を開くと、キャリアメールの受信トレイが追加されているはずだ。トレイを開いて受信メールを確認したり、キャリアメールのアドレスを差出人にして新規メールを作成することもできる。

メッセージ

メッセージ(SMS)を利用しよう
電話番号宛てに メッセージを送信する

「メッセージ」アプリを使うと、電話番号を宛先にして、相手に短いテキストメッセージ(SMS)を送信できる。電話番号を知っていれば送信できるので、メールアドレスを知らない人やメールアドレスが変わってしまった人にも連絡を取れる。また、宛先がAndroidスマートフォンやガラケーであってもやり取り

が可能だ。ただ、メッセージを送る相手の機種がiPhoneであるとメッセージアプリが判断したら、自動的に「iMessage」というサービスに切り替えてメッセージをやり取りするようになる。iMessageの時はテキストだけでなく、画像や動画を添付したり、LINEのようなスタンプも使えるようになる。

メッセージアプリの基本的な使い方

1 新規メッセージ ボタンをタップ

「メッセージ」アプリを起動すると、送受信したメッセージのスレッドが一覧表示される。新しい相手にメッセージを送るには、右上の新規メッセージボタンをタップ。

2 宛先に電話番号 を入力する

新規メッセージの作成画面が開く。「宛先」欄に電話番号を入力するか、下部に表示される連絡先の候補から選択してタップしよう。

3 テキストメッセージ を送信する

メッセージ入力欄にメッセージを入力し、右の送信ボタンをタップして送信しよう。相手がAndroidスマートフォンやガラケーの場合は、1通あたり3円でテキストのみ送信できる。

こんなときは?

相手がiPhoneなら 「iMessage」で やり取りできる

メッセージを送る相手がiPhoneなら、宛先の番号が青文字で表示される。この青文字の番号とは、自動的に「iMessage」でメッセージをやり取りするようになる。有料のSMSと違って、送受信料金がかからず、画像や動画を送ったり、ステッカーやエフェクトなどさまざまな機能を利用できる。

送られてきた写真やURLを開くには
メールやメッセージで送られてきた情報を見る

 メール

メールに画像が添付されていると、メール本文を開いた時に縮小表示され、これをタップすれば大きくプレビュー表示できる。その他のPDFやZIPファイルなどは、「タップしてダウンロード」でダウンロードすることで、ファイルの中身を確認できるようになる。また、メールやメッセージに記載された電話番号や住所、URLなどは、自動的にリンク表示になり、タップすることで、対応するアプリが起動して電話を発信したりサイトにアクセスできる。ただし、下記で注意しているように、迷惑メールやフィッシングメールの可能性もあるので、リンクを不用意に開かないようにしよう。

添付されたファイルやURLを開く

1 添付された画像を開く

タップ

タップすると画像の保存などが可能

メールに添付された画像は、メール本文内で縮小表示される。これをタップすると画像が大きく表示される。また、左下の共有ボタンから画像の保存などの操作を行える。

2 添付されたその他ファイルを開く

フォーマットPDFです

iPhone タップ ーマットです。よろしくご確認ください。

完了　iPhone waza_format.pdf

メールに添付されたPDFなどのファイルは、「タップしてダウンロード」でダウンロードしよう。ダウンロードが済んだら、再度タップすることでファイルの中身を開いて確認できる。

3 メッセージ内のURLなどを開く

タップするとSafariが起動してページを開く

メールやメッセージに記載された、電話番号や住所、URLなどは、自動的にリンク表示になる。これをタップすると、電話アプリ、マップ、Safariなど対応するアプリが起動する。

こんなときは?

カード情報などを盗むフィッシングメールに注意

公式サイトからのメールになりすまして、メール内のURLから偽サイトに誘導し、そこでユーザーIDやパスワード、クレジットカード情報など入力させて盗み取ろうとする詐欺メールを、「フィッシングメール」という。「第三者からのアクセスがあったので確認が必要」などと危険を煽ったり、購入した覚えのない商品の確認メールを送ってキャンセルさせるように仕向け、偽のサイトでIDやパスワードを入力させるのが主な手口だ。メールの日本語がおかしかったり、送信アドレスが公式のものと全く違うなど、自分で少し気を付ければ詐欺と分かるメールもあるが、中には公式メールやサイトと全く区別の付かない手の混んだものもある。メールに記載されたURLは不用意にタップせず、メールの件名や送信者名で一度ネット検索して、本物のメールか判断するクセを付けておこう。

アプリ 049

Safari

SafariでWebサイトを検索しよう

インターネットで 調べものをする

iPhoneで何か調べものをしたい時は、標準のWebブラウザアプリ「Safari」を使おう。Safariを起動したら、画面上部のアドレスバーをタップ。検索キーワードを入力して「開く」をタップすると、Googleでの検索結果が表示される。また、キーワードの入力中に関連した検索候補が表示されるので、ここから選んでタップしてもよい。検索結果のリンクをタップすると、そのリンク先にアクセスし、Webページを開くことができる。画面左下にある「<」「>」ボタンで前のページに戻る／次のページに進むことができる。

Safariを起動したら、画面上部のアドレスバーをタップして検索したい語句を入力しよう。

Googleでの検索結果が表示される。開きたいページのリンクをタップしよう。

タップしたリンク先のWebページが表示される。左下の「<」ボタンで前の検索結果ページに戻る。

アプリ 050

Safari

複数のタブを開いて切り替えよう

サイトをいくつも 同時に開いて見る

Safariには、複数のサイトを同時に開いて表示の切り替えができる、「タブ」機能が備わっている。画面右下のタブボタンをタップすることで新しいタブを開いたり、開いている他のタブに表示を切り替えできる。例えば、ニュースを読んでいて気になった用語を新しいページで調べたり、複数のショッピングサイトで価格を比較するなど、今見ているページを残したまま別のWebページを見たい時に便利なので、操作方法を覚えておこう。不要なタブは、タブ一覧画面で「×」をタップすれば閉じることができる。

1 新しいタブを開く

画面右下のタブボタンをタップし、「＋」をタップすると、新しいタブが開く。

2 開いている他のタブに切り替える

複数のタブを開いている時は、タブボタンをタップすると、他のページに表示を切り替えできる。

3 開いているタブを閉じる

タブの左上にある「×」をタップすると、このタブを閉じる。不要になったタブは消しておこう。

アプリ

051

リンク先を新しいタブで開こう

リンクをタップして
別のサイトを開く

Safari

Webページ内のリンクをタップすると、今見ているページがリンク先のページに変わってしまう。今見ているページを残したまま、リンク先のページを見たい時は、リンクをロングタップして「新規タブで開く」をタップしよう。リンク先のWebページが新規タブで開いて、すぐにそのページの表示に切り替わる。元のページに表示を切り替えたい時は、右下のタブボタンをタップして、タブ一覧から選択すればよい。ニュースサイトなどで、気になる記事だけをピックアップして読みたい時などに便利な操作だ。

このページを残したまま、リンク先を別のページで開くには、リンクをロングタップする。

リンク先ページのプレビューと、メニューが表示されるので、「新規タブで開く」をタップしよう。

リンク先が新しいタブで表示された。左下の「＜」ボタンで、このタブを閉じて元のページに戻る。

アプリ

052

いつものサイトに素早くアクセス

よくみるサイトを
ブックマークしておく

Safari

よくアクセスするWebサイトがあるなら、そのサイトをSafariのブックマークに登録しておこう。よく見るサイトを開いたら、画面下部中央の共有ボタンをタップ。「ブックマークを追加」をタップして保存先を指定すれば、ブックマーク登録は完了だ。画面下部のブックマークボタンをタップすると、ブックマーク一覧が表示され、タップするだけで素早くアクセスできる。なお、ブックマークの保存先に指定するフォルダは、ブックマーク一覧画面の右下「編集」→「新規フォルダ」をタップすれば作成することができる。

ブックマーク登録したいサイトを開いたら、共有ボタンから「ブックマークを追加」をタップ。

「場所」をタップしてブックマークの保存先フォルダを変更し、「保存」をタップすれば登録できる。

下部の本の形のボタンで、登録したブックマークが一覧表示され、タップして素早くアクセスできる。

053

標準のカメラアプリで写真を撮ってみよう

iPhoneで
写真を撮影する

 カメラ

写真を撮影したいのであれば、標準のカメラアプリを利用しよう。カメラアプリを起動したらカメラモードを「写真」に設定。あとは被写体にiPhoneを向けてシャッターボタンを押すだけだ。iPhoneのカメラは非常に優秀で、オートフォーカスで自動的にピントを合わせ、露出も最適な状態に自動調節してくれる。

ピントや露出が好みの状態でなければ、画面内をタップして基準点を指定してあげよう。その場所を基準としてピントや露出が自動調節される。また、自撮りをする場合は、前面カメラに切り替えて撮影すればいい。なお、カメラ起動中は、端末側面の音量ボタンやイヤホンの音量ボタンでもシャッターが切れる。

カメラアプリで写真を撮影してみよう

**1 シャッターボタンで
カメラ撮影しよう**

撮影した写真を見る

左右にスワイプしてカメラモードを「写真」にする

シャッターボタンで写真を撮影。シャッターは音量ボタンでも押せる

カメラアプリを起動したら、カメラモードを「写真」に切り替えてシャッターボタンをタップ。これで写真が撮影される。画面左下の画像をタップすれば、撮影した写真をチェック可能だ。

**2 画面タップで
ピントを合わせよう**

画面をタップした場所を基準として、ピントや露出が自動調節される

ピントや露出を合わせたい被写体や対象がある場合は、その部分をタップしよう。また、画面をロングタップすると「AE/AFロック」と表示され、ピントや露出を固定することができる。

**3 前面側のカメラを
使って撮影する**

タップしてカメラを切り替える

画面右下のボタンで前面側カメラに切り替えれば、画面を見ながら自撮りが可能だ。iPhone 11などの機種では、画面下の矢印ボタンで広角モードにすることができる。

オススメ操作

複数のレンズを
使い分ける

最新のiPhoneでは、複数のレンズを切り替えて写真や動画を撮影することができる。iPhone 11は広角と超広角レンズを、iPhone 11 Proと11 Pro Maxは広角と超広角に加え望遠レンズを切り替えて撮影可能だ。超広角でより広い範囲をフレームに収めたり、望遠で被写体に接近することができる。

iPhone 11 Proおよび11 Pro Maxの場合、「.5」「1」「2」をタップして、超広角、広角、望遠に切り替えられる

露出調整やズーム撮影などの方法

もっときれいに写真を撮影するためのひと工夫

 カメラ

iPhoneのカメラアプリでは、基本的にフルオートできれいな写真が撮れるが、シーンによっては写真の明るさをもう少し明るく／暗くしたいときもある。その場合は、画面をタップしたまま指を上下に動かそう。これで露出を微調整することができる。また、画面をピンチイン／アウトすると、ズーム撮影が可能だ。ズーム倍率は画面下の数字アイコンからでも調節できる。ちなみに、カメラモードをポートレートに切り替えると、背景をぼかした撮影がしやすくなる。自撮りをキレイに撮りたい場合は、使ってみるといい。

1 露出だけを調節する

タップしたまま指を上下にスワイプして露出を調整できる

タップしたまま指を上下に動かすと露出を微調整できる。もっと明るく／暗くしたい場合に使ってみよう。

2 ズームや広角撮影を行う

ピンチイン／アウトのほか、画面下の数字アイコンをロングタップして左右にスワイプしても拡大率を調整可能。2倍以上のズームはデジタルズームになるので画質は悪くなる

ピンチイン／アウトでズーム撮影が可能。iPhone 11などの一部機種では広角撮影にも対応している。

3 自撮りで背景をぼかす

カメラモードを「ポートレート」にして、「自然光」、「スタジオ照明」などの効果を選ぼう。背景をぼかした撮影などができる

ポートレートモードを使うと、背景だけをぼかした撮影ができる。背景だけを黒にするといった効果もある。

カメラアプリで録画機能を使う

iPhoneで動画を撮影する

 カメラ

カメラアプリでは、写真だけでなく動画も撮影することができる。まずは、カメラアプリを起動してカメラモードを「ビデオ」に切り替えておこう。あとは録画ボタンをタップすれば録画開始。iPhoneは手ブレ補正機能を搭載しているので、手持ちのままでも比較的滑らかでブレの少ない動画が撮影可能だ。ピントや露出などは、写真撮影時と同じように自動調節される。画面をタップすれば、その場所にピントや露出を合わせることも可能だ。露出の微調整やズーム撮影などにも対応しているので、いろいろ試してみよう。

1 ビデオモードに切り替える

左右にスワイプしてカメラモードを「ビデオ」に切り替え

カメラアプリを起動したら、画面を左右にスワイプしてカメラモードを「ビデオ」に切り替えておこう。

2 録画ボタンで撮影開始

タップして録画開始

録画ボタンをタップすれば動画の撮影開始。再びボタンをタップすれば撮影が停止する。

操作のヒント

動画録画中に写真を撮影する

動画撮影中に、画面左下のシャッターボタンを押すことで、静止画が撮影できる。動画とは別に写真を残したいときに使ってみよう。

シャッターボタンを押すと動画撮影中でも静止画が撮影できる

フラッシュのオン／オフやセルフタイマー撮影もできる

さまざまな撮影方法を試してみよう

カメラアプリでは、フラッシュのオン／オフ切り替えができる。暗い場所や室内ではフラッシュ撮影が効果的だが、フラッシュ撮影だと光が不自然になることが多いので、基本はオフか自動にしてこう。また、記念撮影したいときに欠かせないセルフタイマー機能はセルフタイマーボタンをタップして、時間をセットす

ればOK。シャッターボタンを押せば、カウントダウンのあとにシャッターが切られる。ほかにもよく使う機能がいくつかあるので、以下の解説をチェックだ。なお、iPhoneの「設定」→「カメラ」から、ビデオ撮影時の解像度やグリッド表示などの細かい設定ができるので、こちらも確認しておくといい。

よく使うカメラの機能を覚えておこう

1 フラッシュのオン／オフを切り替える

画面上部のボタンか、画面を上へスワイプして表示されるフラッシュボタンをタップ。フラッシュを使う必要があるときだけオンにするのがおすすめ

撮影時のフラッシュは、自動／オン／オフを設定できる。フラッシュ撮影はあまりキレイに撮影できないことが多いので、基本はオフにしておくといい。

2 Live Photos機能をオン／オフする

Live Photosをオンにすると「LIVE」と表示される

Live Photosとは、写真を撮った瞬間の前後の映像と音声を記録する機能だ。機能のオン／オフは、画面上部のボタンで切り替えることができる。不要であれば切っておこう。

3 セルフタイマーで撮影を行う

画面上部のボタンか、画面を上へスワイプして表示されるセルフタイマーボタンをタップして、秒数を設定する

セルフタイマー機能も搭載している。タイマーの時間を3秒か10秒のどちらかに設定したらシャッターボタンを押そう。カウントダウン後、シャッターが切られる。

4 フィルタ機能で色合いを変更する

ビビットなトーンや白黒などの色合いに変更できる

画面上部のボタンか、画面を上へスワイプして表示されるフィルタボタンをタップすると、フィルタ機能を利用できる。色合いに変化を加えた写真を撮影可能だ。

こんなときは?

搭載されている各種カメラモード

標準搭載されているカメラモードは、以下の7種類だ（機種によって多少異なる）。パノラマやタイムラプスなど、面白いカメラモードもあるので使ってみよう。

モード	概要
写真	静止画を撮影
ポートレート	人物のポートレートを撮影するのに最適なモード
スクエア	正方形の写真を撮影できる
パノラマ	横長のパノラマ写真を撮影できる
ビデオ	動画を撮影
スロー	スローな動画を撮影できる
タイムラプス	一定間隔で撮影した写真を連続でつなげた動画を撮影

パノラマモードは、iPhoneを持って360度回転して撮影する

057

写真や動画は写真アプリで閲覧できる

撮影した
写真や動画を見る

 写真

カメラで撮影した写真や動画は、写真アプリで閲覧可能だ。写真アプリを起動したら、画面下の「写真」をタップしよう。さらに「すべての写真」をタップすれば、端末内に保存されたすべての写真や動画がサムネイル一覧で表示される。閲覧したいものをタップして全画面表示に切り替えよう。このとき、左右スワイプで前後の写真や動画の表示、ピンチイン／アウトで拡大／縮小表示が可能だ。なお、写真や動画をある程度撮影していくと、「For You」画面で自動的におすすめ写真やメモリーを提案してくれるようになる。ちょっとした想い出を振り返るときに便利なので、気になる人はチェックしてみよう。

写真アプリの基本的な使い方

1 写真アプリで「写真」をタップ

写真アプリを起動したら、画面下の「写真」をタップ。「すべての写真」を選択すれば、今まで撮影したすべての写真や動画の閲覧が一覧表示される。閲覧したいものをタップしよう。

2 写真や動画を全画面で閲覧する

写真や動画が全画面表示される。ピンチイン／アウトで縮小／拡大、左右スワイプで前後の写真を動画を閲覧可能だ。動画再生中は、画面下部分をスワイプして再生位置を調整できる。

3 最近の項目やお気に入りを閲覧する

「アルバム」画面の「最近の項目」をタップすれば、最近撮影した写真や動画だけを閲覧可能だ。また、お気に入り登録（全画面表示時にハートマークをタップ）した写真や動画も閲覧できる。

 操作のヒント

おすすめの写真や
メモリーを
自動提案してくれる

写真アプリの「For You」では、過去に撮影した写真や動画の内容をAIで解析し、おすすめの写真やメモリー（旅行や1年間の振り返りなど、何らかのテーマで写真や動画を自動でまとめたもの）を提案してくれる。メモリーでは、BGM付きのスライドショーも自動生成されるので、ぜひ見てみよう。

058

失敗した写真や動画は消しておこう

いらない写真や動画を
削除する

 写真

撮影に失敗した写真や動画など、不要なデータは定期的に削除しておくといい。大事なデータだけ残しておけば、容量の削減にもなり、あとから写真アプリで見返すときに、スムーズに目的の写真や動画探し出せるはずだ。写真や動画を削除するには、まず写真アプリを起動して、「写真」画面で削除したい項目をタップしよう。続けて、画面右下のゴミ箱アイコンをタップすれば、その写真や動画を削除できる。また、「写真」画面の右上にある「選択」をタップし、写真や動画を複数選択しておけば、まとめて削除することも可能だ。

1 写真や動画を削除する

写真や動画を全画面表示してゴミ箱アイコンをタップ

「写真（ビデオ）を削除」をタップ

写真や動画を全画面表示にしたら、ゴミ箱アイコンをタップ。「写真（ビデオ）を削除」で削除できる。

2 まとめて削除したい場合

タップやスワイプで選択して削除しよう

複数の項目を削除するには、画面左上の「選択」をタップ。写真や動画を複数選択して削除すればいい。

操作のヒント

スクリーンショットだけ削除する

「アルバム」画面の「スクリーンショット」をタップし、「選択」→「すべてを選択」→ゴミ箱アイコンをタップすれば、スクリーンショットだけ全削除できる。

ここからスクリーンショットだけを表示できる

059

削除した項目は30日以内なら復元可能

間違って削除した
写真や動画を復元する

 写真

No058で解説したように、写真アプリでは写真や動画を削除することができる。もし、操作を間違って大切な写真や動画を削除してしまった場合でも、すぐ元に戻せるので安心してほしい。実は、写真アプリで削除した項目は、30日間別の場所に保管されているのだ。「アルバム」画面から「最近削除した項目」を表示してみよう。過去30日間に削除した項目が表示されるので、ここから復元したいものを選択。「復元」ボタンをタップすれば復元できる。なお、削除から31日経過した項目は完全に削除されて復元できない。

1 最近削除した項目を表示する

「アルバム」→「最近削除した項目」をタップ

写真アプリで「アルバム」画面を表示したら、一番下にある「最近削除した項目」をタップしよう。

2 画面右上の「選択」をタップ

「選択」をタップ

すると、削除して30日以内の写真や動画が一覧表示される。次に、画面右上の「選択」をタップしよう。

3 写真や動画を選択して復元する

タップやスワイプで選択する

復元したい写真や動画を選択したら、画面右下の「復元」をタップ。これで元に戻すことができる。

アプリ

060

写真アプリで写真の色合いなどを変更しよう

撮影済みの写真を
見栄えよく編集する

 写真

写真アプリには、写真の編集機能も搭載されている。編集したい写真をタップして全画面表示にしたら、画面右上の「編集」ボタンをタップしよう。画面下に3つのボタンが表示され、左から「光と色」、「フィルタ」、「トリミングと回転」の編集が行える。光と色の編集では、「露出」や「ハイライト」、「明るさ」などさまざまな効果を選ぶことができ、それぞれスライダーでレベルを調節することが可能だ。フィルターを使えば、写真の色合いを変更することもできる。イマイチだった写真も、編集次第で見栄えが良くなるので試してみよう。

1 写真アプリで編集を行う

画面下のボタンで写真の調整が行える

編集を完了する

写真アプリで写真を開いたら、画面右上の「編集」をタップ。画面下にある3つのボタンで編集を行おう。

2 写真の光と色を調節する

露出やハイライト、明るさなどの効果を選択できる。下のスライダーでレベルを調節しよう

一番左のボタンでは、写真の光や色を調節可能だ。写真の下のボタンをスワイプして効果を選ぼう。

3 写真のトリミングや回転を行う

トリミングしたい場合は、写真の四隅に表示された白い枠をドラッグすればいい

一番右のボタンを選択すれば、写真の傾きを自動補正してくれる。トリミングや回転、変形も可能だ。

アプリ

061

簡単な動画編集も写真アプリでできる

撮影した動画の
不要な部分を削除する

 写真

iPhoneの写真アプリでは、写真だけでなく動画の編集も行える。たとえば、動画の不要な部分だけを削除するカット編集も簡単だ。まずは写真アプリで目的の動画を開き、画面右上の「編集」をタップしよう。画面下に4つのボタンが表示されるので、一番左のボタンをタップ。タイムラインの左右にあるカーソルをドラッグして動画として残す範囲を決めよう。あとは画面右下のチェックマークをタップすれば編集完了。なお、写真と同じように、光と色の調節やフィルタの適用、トリミングや回転といった各種編集も行える。

1 写真アプリで編集を行う

画面下のボタンで写真の調整が行える

編集を完了する

写真アプリで動画を開いたら、画面右上の「編集」をタップ。画面下にある4つのボタンで編集を行おう。

2 ビデオをカット編集する

タイムラインの左右にあるカーソルをドラッグして、残したい範囲を指定しよう

一番左のボタンでは、動画のカット編集が行える。タイムライン部分で残したい範囲を指定しよう。

3 色合いなども変更できる

フィルタからを適用すれば動画の色合いを変更可能

写真と同じように光や色の調節や回転などの編集も行える。白黒にしたい場合などはフィルタを使おう。

054

アプリ 062

 写真

メールやLINEで写真や動画を送る

撮影した写真や動画を家族や友人に送信する

iPhoneで撮影した写真や動画を、メールやLINEなどで他人に送信したい場合は、写真アプリを使おう。まず、写真アプリで送信したい写真や動画を選択して全画面表示にする。画面左下の共有ボタンをタップすると共有画面が表示されるので、送信するアプリを選択しよう。たとえば、LINEを選択した場合は、送信する相手を選ぶ画面になるので、あとはLINEで送信を行えばOKだ。なお、共有画面のアプリ一覧に目的のアプリが表示されていない場合は、アプリ一覧の「その他」をタップして表示される候補から選ぼう。

1 写真アプリで共有ボタンをタップ

共有ボタンをタップ

まずは、写真アプリで写真や動画を全画面表示にする。画面左下の共有ボタンをタップしよう。

2 送信するアプリを選択する

左右にスワイプして共有するアプリをタップする

共有画面が表示されるので、メールやLINEなどのアプリを選択。あとは各アプリで送信すればOKだ。

操作のヒント

写真の位置情報を含めずに共有する

手順2の画面で「オプション」をタップすると、位置情報を含めずに共有することができる。位置情報を他人に知られたくない人はオフにしておこう。

オフにすると位置情報を含めずに共有できる

アプリ 063

 写真

撮影日時や撮影地、キーワードで検索できる

以前撮った写真や動画を検索する

iPhoneで撮影した写真や動画は、写真アプリ上で検索することができる。まずは、撮影日時（2019年、夏）や撮影地（東京、ハワイ）で検索してみよう。該当する候補がすぐに一覧表示される。また、「花」や「料理」といった内容でのキーワード検索も可能。撮影した写真や動画は自動的に画像認識が行われており、何が写っているのかまで判別してくれるのだ。なお、人物が写った写真を全画面表示して上にスクロールし、顔認識された「ピープル」から人物に名前を付けておくと、人物名でも検索することができる。

1 写真アプリで検索する

画面最下部の検索をタップ

検索

検索したい写真や動画のキーワードを入力

写真アプリを起動したら、検索画面を表示しよう。検索欄で写真や動画をキーワード検索できる。

2 日時や撮影地で検索してみよう

Q 2014

撮影した日時や撮影地で写真や動画を検索する

モーメント

ノースバンクーバー

日付

2014年

撮影した年や日付、撮影地などを入力すれば、合致する写真や動画がすぐに検索される。

3 キーワードでも検索できる

Q 花

写っている内容でもキーワード検索できる

写真: 21枚　　すべて表示

モーメント

写真や動画は画像認識されているので、「花」と入力して、花の写真だけを検索することも可能だ。

055

064

写真や動画はiCloudでバックアップするのが手軽

大事な写真を
バックアップしておく

 写真

　もし、iPhoneを紛失した場合、端末内にある写真や動画も失ってしまう可能性が高い。そんな事態を避けたいのであれば「iCloud写真」という機能を利用してみよう。本機能を有効にすると、iPhoneで撮影した写真や動画はすべてiCloudにアップロードされ、ほかの端末とも同期されるようになる。その

ため、iPhoneをなくしたとしても、写真や動画はiCloudに残せるのだ。ただし、本機能はiCloudのストレージ容量を消費するため、無料のストレージプラン（5GB）ではすぐに容量が足りなくなって、アップロードができなくなる。できれば、50GB（月額130円）以上のストレージプランを購入してから利用しよう。

iCloud写真を有効にして自動でバックアップする

1 設定からiCloud写真を有効にする

まずは、「設定」を開いて一番上のApple ID名をタップ。続けて「iCloud」→「写真」をタップし、「iCloud写真」をオンにしよう。これで撮影した写真や動画がiCloudに自動でアップロードされる。

2 有料のストレージプランを購入する

初期のiCloudストレージ容量は5GBしかないので、写真や動画をバックアップするには容量が全然足りない。必要に応じて50GB以上の有料ストレージプランを購入しておきたい。

3 すべての写真と動画がiCloudで同期される

写真アプリを開いたら、「写真」画面を表示しよう。一番下にスクロールすると、アップロードの進捗状況がわかる。アップロードが完了すれば、ほかのiOS端末にも写真や動画が同期される。

こんなときは？

**写真や動画を
パソコンに
バックアップする**

iPhoneで撮影した写真や動画はパソコンにバックアップすることもできる。まずはiPhoneをパソコンに接続して「PC」画面を開こう。iPhoneのアイコンを右クリックしたら、「画像とビデオのインポート」を実行。これでiPhone内に保存されている写真や動画をすべてバックアップできる。

065

マップアプリの基本的な使い方

マップで今いる場所の
まわりを調べる

 マップ

iPhoneには、地図を表示できるマップアプリが標準搭載されている。端末のGPS機能や各種センサーと連動して、周辺の地図だけでなく、自分の現在地やどの方向を向いているのかなどが即座に表示できるのだ。これなら、初めて訪れる場所でも道に迷うことが少なくなる。また、マップはピンチイン／アウトで直感的に縮小／拡大表示が可能だ。とはいえ、この方法だと両手を使うことになり、片手持ちでの操作には適していない。片手持ちのときは、親指でダブルタップしてからそのまま指を上下して拡大／縮小するといい。

**1 マップアプリで
現在地を表示**

現在位置を表示

現在位置と向いている方向が表示される

マップアプリを起動して、上で示したボタンをタップしよう。これで現在地周辺のマップが表示される。

**2 拡大／縮小して
見たい場所を探す**

親指でダブルタップ後に、画面に指を付けたまま上下すると、片手持ちで拡大／縮小が可能だ

ピンチインで縮小、ピンチアウトで拡大表示が可能。また、上記の操作でも拡大縮小ができる。

**3 回転表示や
3D表示もできる**

3D表示は、ある程度拡大した状態にしてから、2本指で上にスワイプするとできる（一部都市部のみ対応）

2本指を回転させればマップも回転表示が可能だ。また、2本指で上にスワイプすると3D表示になる。

066

レストランやカフェなど目的の場所を探す

マップでスポットを
検索する

 マップ

マップで近くのレストランやカフェを探したいなら、マップアプリの検索機能を使ってみよう。たとえば「レストラン」と検索すれば、現在地図を表示している周辺地域で、該当するスポットを探し出してくれる。各スポットの詳細情報を表示すれば、住所や電話番号だけでなく、食べログと連動した写真やレビューなども確認可能だ。また、現在位置からスポットまでの経路検索も行える（No067で解説）。コンビニやガソリンスタンド、ホテル、旅館、駅など、あらゆる場所をすぐに探し出せるので、お出かけ時に活用してみよう。

**1 マップアプリで
キーワード検索**

画面最下部の検索欄をタップ

調べたいスポットのキーワードを入力して検索

マップアプリの検索欄をタップして、「カフェ」や「ラーメン」など調べたい内容でキーワード検索しよう。

**2 お目当ての場所を
探し出そう**

数字マークは、その近辺で検索されたスポット数を示す。マップを拡大すれば各スポットの位置が表示される

検索されたスポットがマップ上に表示される。マップを拡大表示して、お目当ての場所を探そう。

**3 スポットの
詳細をチェック**

マップを拡大してスポットをタップする

cafe moimoi

各スポットをタップすれば、詳細情報が表示される。食べログでの写真やレビューもチェック可能だ。

アプリ 067

マップアプリの経路検索を使いこなす

目的地までの道順や所要時間を調べる

マップ

　マップアプリでは、2点間を指定した経路検索が行える。たとえば、現在地から目的地まで移動したいときは、まず目的地をキーワード検索しよう。検索したスポットの詳細画面で「経路」をタップすれば、そのスポットが目的地として設定される。次に、移動手段を「車」、「徒歩」、「交通機関」から選択。画面下に表示された経路の候補をタップすれば、道順や所要時間などを細かくチェック可能だ。また、経路を選んで「出発」をタップすれば、音声ガイドとともにナビゲーションが開始される。なお、移動手段の選択で「配車サービス」を選ぶと、連携しているタクシー配車アプリをすぐに呼び出すことが可能だ。

マップアプリで経路検索を行う

1 まずは目的地をスポット検索する

画面下の検索欄をタップして目的地を検索する

六本木駅
地下鉄駅・31 km

経路
交通機関で1時間16分

スポットが検索されたら「経路」をタップ

まずはマップアプリを起動し、画面下の検索欄をタップ。「六本木駅」など目的地の名前で検索するとマップに該当スポットが表示される。経路検索を行う場合は、画面下の「経路」をタップ。

2 経路検索の移動手段を選ぶ

経路がマップで表示される

出発地を変更する場合は「現在地」をタップ。時刻を変更する場合（交通機関を選択した場合のみ）は「すぐに出発」をタップして設定する

タップで経路の候補を複数表示する

目的地: 六本木駅
出発地: 現在地・すぐに出発

0:40着
1時間 23分・23:18までに出発・¥576

移動手段を選択する

現在地からの経路検索が行われるので、移動手段を「車」や「徒歩」、「交通機関」から選択しよう。また、出発地を現在地以外に変更したり、交通機関の出発／到着時刻を設定したりもできる。

3 ナビゲーションを開始する

目的地: 六本木駅

タップで経路の詳細を表示

0:40着
1時間 23分・23:18までに出発・¥576

出発

タップでナビゲーション開始

久米川駅まで歩く
1.1 km、約16分

ナビゲーションが開始された

経路の候補は複数表示されることがある。各経路の詳細を確認して好きなものを選ぼう。「出発」をタップすると、画面表示と音声によるナビゲーションが開始される。

こんなときは？

お気に入りのスポットを登録する

マップ上で検索またはタップしたスポットは、コレクションとして登録することができる。マップ上でスポットを選択した状態で、画面下の詳細画面を上にスワイプ。「追加」をタップして、コレクションに登録しておこう。登録したコレクションは、画面下の検索欄を上にスワイプすれば表示できる。

「追加」をタップ

コレクションを作成してスポットを追加できる

068

 アプリ

YouTubeの動画を全画面で再生しよう

YouTubeで 世界中の人気動画を楽しむ

　YouTubeをiPhoneで視聴するなら、公式のYouTubeアプリをインストールしよう。アプリを起動したら、Googleアカウントでサインインし、観たい動画をキーワード検索。今、最も人気の動画をチェックしたい場合は、「急上昇」画面を表示させてもいい。動画の一覧画面から観たい動画を選べば再生がスタートする。横向きの全画面で動画を大きく再生させたい場合は、全画面ボタンを押してから端末を横向きにしよう。また、Googleアカウントを持っている場合は、ログインして利用するのがおすすめだ。好みに合った動画がホーム画面に表示されたり、お気に入り動画を保存できるなど利点が多い。

観たい動画を検索して全画面表示する

1 観たい動画を検索する

YouTube
作者／Google LLC
価格／無料

タップして観たい動画をキーワード検索する

検索結果から観たい動画をタップ

YouTubeアプリを起動したら、まずは画面右上の虫眼鏡ボタンをタップし、観たい動画をキーワード検索しよう。検索結果から観たいものを選んでタップすれば再生が開始される。

2 再生画面をタップして全画面ボタンをタップ

タップすると全画面再生になる

動画が縦画面で再生される。動画部分を1回タップして、各種インターフェースを表示させよう。ここから右下のボタンをタップすれば、横向きの全画面で動画が表示される。

3 全画面で動画が再生される

タップで全画面再生を解除

端末を横向きにして動画を楽しもう。元の縦画面に戻す場合は、再度動画をタップしてインターフェースを表示させ、右下のボタンをタップすればいい。

🔍 こんなときは？

動画を再生リストに登録する

Googleアカウントでログインしていれば、動画を再生リストに登録することができる。再生リストに登録したい場合は、動画の再生画面で「保存」をタップしておこう。再生リストは、「ライブラリ」画面の再生リスト一覧から再生することが可能だ。また、動画のチャンネル自体を登録したい場合は「チャンネル登録」をタップ。「登録チャンネル」画面で、各チャンネルの最新動画が視聴できるようになる。

「保存」をタップして、再生リストか「後で見る」に登録しておく

登録した再生リストや「後で見る」は、「ライブラリ」から閲覧できる

パソコンで音楽CDを取り込んでコピーしよう

CDの音楽を
iPhoneにコピーして楽しむ

音楽CDをiPhoneにコピーして楽しみたい場合は、CDドライブが搭載されているパソコンが必要になる。ここでは、Windowsパソコンでの手順を紹介しておこう。まずは、パソコン版のiTunesをインストールして起動し、CDの読み込み設定を行っておく。読み込み方法（ファイル形式）は「AACエンコー ダ」、設定（ビットレート）は「iTunes Plus」にしておくのがオススメ（Androidなどでも曲を楽しみたいなら読み込み方法は「MP3」にしておく）。音楽CDをiTunesで取り込んだら、曲ファイルをiPhoneに転送しよう。あとは、iPhoneのミュージックアプリで転送した曲を再生させればOKだ。

iTunesをインストールして音楽CDを読み込む

1 iTunesをパソコンに インストールしておく

iTunesの最新版をインストールしておく

Apple iTunes
https://www.apple.com/jp/itunes/
まずはパソコンにiTunesをインストールしておこう。パソコン版のiTunesは上記のApple公式サイトからダウンロードできる。

2 iTunesを起動したら CD読み込み時の設定を行う

②CD読み込み時の読み込み方法など音質を設定しておく

①「編集」→「環境設定」→「読み込み設定」をクリック

iTunesを起動したら、メニューから「編集」→「環境設定」で設定画面を表示。「読み込み設定」ボタンからCD読み込み時の読み込み方法を設定しておこう。

3 CDドライブに音楽CDを入れて 読み込みを実行しよう

「はい」で読み込み開始

iTunesを起動したまま、音楽CDをパソコンのCDドライブにセットしよう。iTunesが反応して、CDの曲情報などが表示される。「～をiTunesライブラリに読み込みますか？」で「はい」を選択すれば読み込みが開始される。

4 音楽CDの 読み込みが終わるまで待つ

読み込みがすべて完了するまで待っておく

読み込みには少し時間がかかるのでしばらく待っておこう。なお、読み込みが完了した曲には曲名の横に緑色のチェックマークが付く。

読み込んだ曲をiPhoneに転送して再生させる

1 iTunesにiPhoneを接続して「音楽とビデオを手動で管理」をオンにする

①iPhoneをパソコンに接続したらタップ

②「音楽とビデオを手動で管理」にチェックを入れる

☑ 音楽とビデオを手動で管理

③「適用」で同期する

iPhoneをパソコンに接続したら、iTunesで認識させる。「音楽とビデオを手動で管理」にチェックを入れたら適用しておこう。

2 読み込んだ曲をライブラリ画面で探す

「ミュージック」→「ライブラリ」→「最近追加した項目」とクリックして、読み込んだ曲を探す

「ミュージック」→「ライブラリ」→「最近追加した項目」をクリックしてライブラリ画面を表示。先ほど読み込んだアルバムや曲を探そう。

3 iPhoneに曲をドラッグ&ドロップして転送する

アルバムや曲をiPhoneの項目にドラッグ&ドロップして転送する

アルバムや曲を選択したら、画面左端の「デバイス」欄で表示されているiPhoneの項目にドラッグ&ドロップしよう。これで曲が転送される。

4 iPhoneのミュージックアプリで曲を再生する

ミュージックアプリの「ライブラリ」画面を表示して、最近追加した項目を探す

曲名をタップして再生開始

あとはiPhoneでミュージックアプリを起動。ライブラリ画面でiTunesから転送したアルバムや曲を探して再生させよう。

こんなときは?

Apple Music登録時はiCloud経由でライブラリを同期する

Apple Music（No071参照）に登録している場合、iPhoneの「設定」→「ミュージック」→「ライブラリを同期」を有効にすると、iCloud経由でミュージックライブラリを同期することができる。このとき、上で解説しているドラッグ&ドロップによる転送方法は使えなくなるので注意だ。iCloud経由で曲をiPhoneと同期するには、まずiTunes側で「アカウント」→「サインイン」でApple IDにサインインしておく。次に「編集」→「設定」で「iCloudミュージックライブラリ」を有効にしておこう。これで、iTunes内のライブラリだけでなく、Apple Musicからダウンロードした曲も、すべての端末で同期されるようになる。いちいちiPhoneをパソコンにケーブル接続して曲を転送しなくて済むので便利だ。

「iCloudミュージックライブラリ」を有効にする

iTunes内のライブラリやApple Musicからダウンロードした曲がiCloud経由で同期される

070

標準の音楽プレイヤーの基本的な使い方

ミュージックアプリで音楽を楽しむ

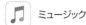 ミュージック

iPhoneに搭載されているミュージックアプリでは、パソコンから転送した曲やiTunes Storeで購入した曲、Apple Music（No071）でライブラリに追加した曲を再生させることができる。ミュージックアプリで音楽を再生させた場合、ホーム画面に戻っても再生は続き、ほかのアプリで作業をしながら

音楽を楽しむことも可能だ。。ミュージックアプリの画面下部には、現在再生中の曲が表示される。ここをタップすると、再生画面が表示され、再生位置の調整や一時停止などの再生コントロールなどが行える。歌詞表示に対応している曲なら、カラオケのように歌詞を表示しなら曲を再生させることも可能だ。

ミュージックアプリで曲を再生する

1 ミュージックアプリでライブラリを表示

「アーティスト」や「アルバム」などから再生したいアルバムや曲を探す

まずはミュージックアプリを起動しよう。画面下の「ライブラリ」をタップしたら、「アーティスト」や「アルバム」、「曲」などから再生したいアルバムや曲を探し出す。

2 アルバムや曲を再生する

「再生」をタップするか曲名をタップして再生

タップして再生画面を表示

アルバムや曲を表示したら、「再生」ボタンか曲名をタップしよう。これで再生が始まる。現在再生している曲は、画面下に表示され、この部分をタップすると再生画面が表示される。

3 再生画面の操作を把握しておこう

スライダーでの再生位置調整や一時停止などの再生コントロール

歌詞を表示

再生画面では、曲の再生位置調整や一時停止などが可能だ。また、歌詞表示に対応していれば、曲を流しながら歌詞を表示することもできる。

こんなときは？

iTunes Storeで曲を購入する

iTunes Storeアプリでは、アルバムや曲を個別にダウンロード購入することが可能だ。Apple Music（No071）に登録している人はあまり使うことがないかもしれないが、Apple Musicでは配信されていないアーティストの曲なども入手できるので、ぜひチェックしてみよう。

iTunes Storeを起動して、「ミュージック」または「検索」で購入したい曲を探す

価格ボタンをタップして、アルバムや曲を購入する

071

最新のヒット曲から往年の名曲まで聴き放題
Apple Musicを
無料期間で試してみよう

🎵 ミュージック

Apple Musicとは、月額制の音楽聴き放題サービスだ。約6,000万曲の音楽をストリーミング再生、もしくは端末にダウンロードしてオフライン再生することができる。個人ユーザーなら利用料金に月額980円（税込）かかるが、初めて登録するユーザーであれば最初の3ヶ月だけ無料でお試しが可能。

Apple Musicに登録したら、ミュージックアプリの「For You」や「見つける」から曲を探してみよう。なお、「For You」は自分好みの音楽やアーティストなどをApple Musicの中からピックアップしてくれる機能だ。これは、再生履歴の傾向などで判断される。

ミュージックアプリでApple Musicの曲を探してみよう

1 Apple Musicに 登録する

オンにしておく

タップ

「無料で開始」をタップ

Apple Musicを3ヶ月無料で使う場合は、まず「設定」→「ミュージック」で「Apple Music」をオンにしておき、「Apple Musicに登録」をタップ。「無料で開始」で購入手続きをしておこう。

2 Apple Musicの 曲を探そう

「検索」をタップして、アーティスト名や曲名で検索。「For You」や「見つける」を開いて、気になるアーティストを見つけてもよい

Apple Music登録時にいくつかの質問に答えたら、ミュージックアプリを起動。画面下にある「検索」をタップして、好きなアーティストを検索してみよう。

3 Apple Musicの曲を ライブラリに追加する

見つけた曲やアルバムで「追加」をタップ

Apple Musicの曲がライブラリに追加される

お気に入りの曲を見つけたら、「追加」をタップする。これでライブラリに曲が追加される。「設定」→「ミュージック」→「ライブラリを同期」をオンにすると、ほかの端末でも曲が同期可能だ。

こんなときは？

Apple Musicを 解約する

Apple Musicの無料期間が終了すると、自動的に月額980円の課金が開始される。無料期間だけで利用を停止したい場合は、「設定」の一番上にあるApple ID名をタップし、「サブスクリプション」→「Apple Musicメンバーシップ」→「無料トライアルをキャンセル」をタップ。

「設定」→Apple ID→「サブスクリプション」をタップ

「無料トライアルをキャンセルする」をタップして解約する。解約しても、引き続き無料期間中は利用し続けられる

アプリ

072

定番コミュニケーションアプリを使おう
LINEを
はじめよう

  アプリ

　日本国内だけでも8,000万人以上のユーザーが利用する、定番コミュニケーションアプリ「LINE」。LINEユーザー同士なら、多彩なスタンプを使ってメッセージをやり取りしたり、無料で音声／ビデオ通話を楽しめる。また、QRコード決済の「LINE Pay」も利用可能だ。友人知人との連絡にはもはや必須と言えるアプリなので、まずはアカウントの登録方法と、友だちの追加方法を知っておこう。なお、機種変更などで以前のアカウントを使う場合は、新しい機種に移行した時点で、元の機種ではLINEが使えなくなるので注意しよう。基本的に、LINEは1つのアカウントを1機種でしか使えない。

LINEを起動して電話番号認証を行う

1 LINEを起動して はじめるをタップ

まずは、App StoreでLINEアプリをインストールする。インストールが済んだら、LINEをタップして起動し、「はじめる」をタップしよう。

2 電話番号を確認し 矢印をタップ

この端末の電話番号が入力された状態になるので、右下の矢印ボタンをタップしよう。すると、SMSの送信画面が表示されるので、「送信」をタップする。

3 SMSで届いた認証 番号を入力する

メッセージアプリにSMSで認証番号が届く。記載された6桁の数字を入力しよう。SMSが届くと、キーボード上部に認証番号が表示されるので、これをタップして入力してもよい。

こんなときは?

Facebook アカウント でも登録できる

LINEの登録には基本的に電話番号での認証が必要だが、Facebookアカウントを持っていれば、電話番号不要でLINEアカウントを作成することも可能だ。電話番号入力欄の下にある「Facebookログイン」をタップし、画面の指示に従ってFacebookアカウントと連携させよう。

LINEアカウントを新規登録する

1 アカウントを新規登録する

LINEを新しく始めるには、「アカウントを新規登録」をタップしよう。なお、以前のアカウントを引き継ぎたいなら、「アカウントを引き継ぐ」をタップすれば移行できる。

2 プロフィール名やパスワードを登録

LINEで表示する名前を入力し、右下の矢印ボタンをタップ。カメラアイコンをタップすると、プロフィール写真も設定できる。続けてパスワードを設定し、右下の矢印ボタンをタップ。

3 友だち追加設定はオフにしておく

「友だち自動追加」「友だちへの追加を許可」がオンだと、LINEが電話帳や電話番号を参照して友だちを自動追加してしまうので、意図しない相手とつながるおそれがある。プライベートと仕事を分けてLINEを使いたい場合などは、両方オフにしておこう。あとは、年齢確認や規約の同意を済ませると、LINEを利用可能になる。

LINEに友だちを追加する

1 LINEに友だちを追加するには

友だちを追加するには、ホーム画面右上の友だち追加ボタンをタップすればよい。招待／QRコード／ふるふる／IDや電話番号検索といった方法で、友だちを追加することができる。

2 近くの友だちを追加するなら「ふるふる」

近くにいる人を友だちに追加するなら「ふるふる」が便利。お互いに「ふるふる」画面を開き、端末を近づけて一緒に振るだけで、相手を友だちに追加することができる。

3 離れている相手には「QRコード」を送信

離れている相手を友だちに追加するなら、「QRコード」→「マイQRコード」をタップし、下部中央の共有ボタンをタップ。「他のアプリ」でメールなどに添付して、QRコードを送信しよう。相手がLINEでQRコードを読み取って友だちに追加すると、自分側からも友だちに追加できる。

073

LINEでメッセージをやり取りする

 アプリ

LINEのユーザー登録を済ませたら、まずは友だちとのトークを楽しもう。メッセージをやり取りしたり、写真や動画を送ったりすることができる。また、LINEのトークには欠かせないのが、トーク用のイラスト「スタンプ」だ。テキストのみだと味気ないやり取りになりがちだが、さまざまなスタンプを使うことで、トークルームを楽しく彩ることができる。トークの基本的な使い方と共に、スタンプショップでのスタンプの購入方法や、スタンプの使い方を知っておこう。あわせて、1つのトークルームを使って複数のメンバーでやり取りできる、グループトークの作成方法も紹介する。

友だちとトークをやり取りする

1 友だちを選んで「トーク」をタップ

友だちとメッセージをやり取りしたいなら、まず「ホーム」画面で友だちを選んでタップし、表示される画面で「トーク」をタップしよう。

2 メッセージを入力して送信する

友だちとメッセージをやり取りできるトークルームが表示される。メッセージを入力し、右端のボタンで送信しよう。入力欄左の「>」をタップすると、画像や動画も送信できる。

3 チャットのようにやり取りできる

自分が送信したメッセージは緑のフキダシで表示され、友だちがメッセージを読むと、読んだ時間と「既読」が表示される。このやり取りの履歴は、次回トークルームを開いた時にも表示される。

こんなときは?

写真や動画を送信する

LINEでは、写真や動画を送信することも可能だ。入力欄左にある写真ボタンをタップすると、iPhoneに保存された写真や動画を選択できる。隣のカメラボタンで、撮影してから送ってもよい。また、写真や動画をタップすると、簡単な編集を加えてから送信することもできる。

スタンプの買い方、使い方

1 スタンプショップでスタンプを探す

LINEのトークに欠かせない「スタンプ」を入手するには、まず「ウォレット」画面の「スタンプショップ」をタップ。スタンプショップで、使いたいスタンプを探し出そう。

2 有料スタンプはLINEコインが必要

有料スタンプの購入時は、「LINEコイン」のチャージが求められる。必要なコイン数の金額部分をタップすれば、有料アプリを購入するのと同じような手順でLINEコインを購入できる。

3 トーク画面でスタンプを利用する

スタンプのダウンロードが完了したら、トーク画面の入力欄右にある顔文字ボタンをタップ。購入したスタンプが一覧表示されるので、イラストを選択して送信ボタンで送信しよう。

グループを作成して複数メンバーでトークする

1 トーク画面でグループをタップ

グループを作成するには、まず「ホーム」画面で「グループ作成」をタップし、グループに招待する友だちを選択して「次へ」をタップする。

2 グループ名を付けて作成をタップ

グループ名を付けて右上の「作成」をタップすると、グループを作成できる。プロフィール画像を変更したり、「追加」ボタンで他のメンバーを追加することも可能だ。

3 参加メンバーでグループトーク

招待されたメンバーは、「参加」をタップするとグループトークに参加できる。参加するまでグループトークの内容は閲覧できず、参加前のメンバーのやり取りも読むことはできない。

074

 アプリ

友だちと無料で音声通話やビデオ通話が可能
LINEで無料通話を利用する

LINEを使えば、無料で友だちと音声通話やビデオ通話を行うことが可能だ。電話回線を使う代わりに、インターネット回線を使って通話を行うため、通話料はかからない。また、通話中は通信量を消費するが、音声通話であれば10分で3MB程度しか使わないので、それほど気にする必要はない。ただし、ビデオ通話だと10分で51MBほど消費するので、ビデオ通話を利用するならWi-Fi接続中にした方がいいだろう。LINE通話中は、通常の電話と同じようにミュートやスピーカーフォンを利用でき、ホーム画面に戻ったり他のアプリを使っていても通話は継続する。不在着信の履歴などはトーク画面で確認できる。

LINE通話のかけ方と受け方

1 友だちにLINE通話をかける

無料通話をかけるには、「ホーム」画面で友だちを選んでタップし、表示される画面で「無料通話」をタップする。または、トーク画面上部の受話器ボタンから「無料通話」をタップ。

2 かかってきたLINE通話を受ける

友だちからLINEの無料通話がかかってくると、普通の電話とほぼ同じ着信画面が表示される。「応答」をタップするか、スリープ中の着信ならスライダーを右にスワイプして応答しよう。

3 通話中の画面と操作

通話中の画面に表示されるボタンは、左からマイクをミュートにする、ビデオ通話に切り替える、スピーカーフォンをオンにするボタン。下の赤い終了ボタンで通話を終了できる。

こんなときは？

かかってきたビデオ通話に声だけで応答する

LINEのビデオ通話がかかってきた時に、自分の顔は映さずに電話に出るには、LINEの「ホーム」画面左上の歯車ボタンをタップし、「通話」→「iPhoneの基本通話と統合」をオフにしておく必要がある。あとは着信時に「カメラをオフにする」をタップすれば、相手の画面に映らなくなる。

075

さまざまな機能を呼び出せる便利なボタン
アプリの「共有ボタン」を しっかり使いこなそう

 本体操作

iPhoneのアプリに搭載されている「共有ボタン」。タップするとメニューが表示され、便利な機能を利用できる。iPhoneでは、写真やWebサイトなどのデータを家族や友人に知らせることを「共有する」と言い、「送信する」に近い意味で使われる。写真やWebサイトに限らず、おすすめのYouTube動画やTwitterで話題の投稿、地図の位置情報、乗換案内の検索結果など、ありとあらゆる情報を共有できる。共有したいデータを開いたら、共有ボタンをタップして共有方法や送信先を選択しよう。また、データの送信以外にも、コピーや複製などの機能も共有ボタンから利用できる。

使いこなしPOINT

共有ボタンを利用する

1 メニューから 共有方法を選択

このボタンをタップし、共有メニューで送信方法を選択。ここではメールを選択。「その他」でさらに多くの選択肢を表示できる

Safariで見ているサイトを友人や家族に教えたい場合、画面下の共有ボタンをタップする。共有メニューで送信手段を選ぼう。

2 共有手段のアプリで データを送信する

選択したアプリ（ここではメール）が起動する。宛先を入力して送信しよう。なお、よく送信している相手や送信手段は共有メニュー上部に表示され、すぐに選択できるようになる。

共有メニューの さまざまな機能

共有メニューには、その他にもさまざまなメニューが表示される。項目はアプリによって異なる。Safariの場合は、URLのコピーやブックマークへの追加などを行える。

コピー	
リーディングリストに追加	
ブックマークを追加	
お気に入りに追加	
ページを検索	
ホーム画面に追加	
マークアップ	
プリント	

各種アプリでの 共有方法

アプリによっては、共有ボタンのデザインやメニューが異なるが、送信手段のアプリを選んで送信先を選択するという操作手順は変わらない。ここではYouTubeとGoogle Mapsの共有方法を紹介する。

YouTubeの動画再生画面で「共有」ボタンをタップすれば、メールやLINE、Twitterで動画を紹介できる

Google Mapsでスポットを選択し「共有」をタップすれば、位置情報を送信可能。受け取った側がGoogleマップで同じ場所を確認できる

076

iPhoneをタッチしてピッと支払う
Apple Payの設定と使い方

 Wallet

　「Apple Pay」は、iPhoneをかざすだけで、電車やバスに乗ったり、買い物ができるサービスだ。「Wallet」アプリにSuicaやクレジットカードを登録しておくことで、改札や店頭のカードリーダー部に、iPhone本体をタッチしてピッと支払えるようになる。Suicaの場合は、駅の改札はもちろん対応したコンビニなどで利用でき、あらかじめチャージしておいた残高から支払う。クレジットカードの場合は、「iD」または「QUICPay」という電子マネーの支払いに対応した店で使え、その請求をクレジットカードで支払う形になる。iDとQUICPayのどちらが使えるかは、登録したクレジットカードによって異なる。

Apple Payの基本的な使い方

1 「Wallet」アプリにカードを登録しておく

タップ

Apple Payは、最初からインストールされている「Wallet」アプリに、手持ちのSuicaやクレジットカードを登録することで利用できるようになる。「+」をタップして、右ページの手順通り登録を済ませよう。

2 iPhoneをタッチして支払いを済ませる

Suicaを駅やバスで使う時は、チャージ残高があれば改札にタッチするだけで通過できる。店舗で使う時は、店員に「Suicaで」、あるいは「iDで」「QUICPayで」と支払い方法を伝えて、iPhoneをかざして支払おう。

クレジットカードは直接カード払いができず、「iD」または「QUICPay」という電子マネーで支払い、その請求をクレジットカードで決済するようになっている。登録したクレジットカードが対応する電子マネーは、「iD」または「QUICPay」のロゴで判断できる

WalletアプリにSuicaやクレジットカードを追加する

1 登録するカードの種類を選択

カードの種類
Apple Payに追加するカードの種類を選択。

クレジットカードかSuicaを選択

支払い用カード

クレジット/プリペイドカード >

交通系ICカード

Suica >

「Wallet」アプリを起動して「+」をタップ。「続ける」をタップすると、追加するカードの選択画面が表示される。「クレジットカード/プリペイドカード」か「Suica」をタップしよう。

2 クレジットカードを登録する

16:30

< 戻る　　　　　　　　　次へ

カード詳細
カード情報を確認してください。

名前

カード番号

クレジットカードの場合は、カードをカメラで読み取ると、カード番号や名前が自動入力される。あとは有効期限やセキュリティコードを入力し、SMSなどで認証を済ませれば登録完了。

3 Wallet内でSuicaを発行する

金額を選択
「追加」をタップしてSuicaを新規発行する。ただし、発行時に金額をチャージする必要があるので、あらかじめクレジットカードを登録しておく必要がある。また、VISAカードの場合は、Wallet内でSuicaをチャージできないため、Suicaの新規発行やチャージは別途「Suica」アプリをインストールして行おう

¥1,000	¥3,000	¥5,000
1	2	3
4	5	6
7	8	9
	0	⊗

Suicaの場合は、「Suica」をタップして金額を入力し、「追加」をタップすれば新規発行できる。あらかじめ、チャージに利用するクレジットカードをWalletに登録しておく必要がある。

4 プラスチックカードのSuicaを登録する

カードを転送

すでに持っているプラスチックカードのSuicaをWalletに追加するには、「お手持ちの交通系ICカードを追加」をタップし、画面の指示に従ってiPhoneでカードを読み取り、転送すればよい。

5 Apple Payが使えるようになった

クレジットカードを複数登録した場合は、一番手前のカードがメインの支払いカードになる。別のカードをメインカードにしたい時は、ドラッグして表示順を入れ替えよう。

iDやQUICPayで支払うには、ホームボタンのない機種の場合、電源ボタンをダブルクリックし、iPhoneに視線を向けてFace IDで顔認証したら、カードリーダーにiPhoneをかざす。ホームボタンのある機種の場合、ホームボタンに指を乗せて指紋を認証させ、カードリーダーにiPhoneをかざす。「完了」と表示されたら支払いは完了

アプリ 077

QRコードを読み取るタイプのスマホ決済

話題のQRコード決済を使ってみよう

 アプリ

　iPhoneだけで買い物する方法としては、No076の「Apple Pay」の他に、「QRコード決済」がある。いわゆる「○○ペイ」がこのタイプで、各サービスの公式アプリをインストールすれば利用できる。あらかじめ銀行口座やクレジットカードから金額をチャージし、その残高から支払う方法が主流だ。店舗

での支払い方法は、QRコードやバーコードを提示して読み取ってもらうか、または店頭のQRコードを自分で読み取る。タッチするだけで済む「Apple Pay」と比べると支払い手順が面倒だが、各サービスの競争が激しくお得なキャンペーンが頻繁に行われており、比較的小さな個人商店で使える点がメリットだ。

PayPayの初期設定を行う

1 電話番号などで
新規登録

PayPay
作者／PayPay
Corporation
価格／無料

PayPay利用規約、PayPay残高利用規約、
資金決済法表示 タップ て新規登録する

新規登録

ここではPayPayを例に利用法を解説する。PayPayアプリのインストールを済ませて起動したら、電話番号か、またはYahoo! JAPAN IDやソフトバンク・ワイモバイルのIDで新規登録しよう。

2 SMSで認証を
済ませる

< 　　　　SMSで認証

SMSで届いた認証コードを入力してください

こちらの番号に送信しました　090-0000-0000

認証コードを再送（57秒後）

電話番号で新規登録した場合は、メッセージアプリにSMSで認証コードが届くので、入力して「認証する」をタップしよう。

PayPayにチャージして支払いを行う

1 電話番号などで新規登録

PayPayを使ってスマホ決済するには、まずPayPayに残高をチャージしておく必要がある。メイン画面のバーコード下にある、「チャージ」ボタンをタップしよう。

2 チャージ方法を追加してチャージ

「チャージ方法を追加してください」をタップし、銀行口座などを追加したら、金額を入力して「チャージする」をタップ。セブン銀行ATMで現金チャージも可能だ。

3 店側にバーコードを読み取ってもらう

PayPayの支払い方法は2パターン。店側に読み取り端末がある場合は、ホーム画面のバーコード、または「支払う」をタップして表示されるバーコードを店員に読み取ってもらおう。

4 店のバーコードをスキャンして支払う

店側に端末がなくQRコードが表示されている場合は、「スキャン」をタップしてQRコードを読み取り、金額を入力。店員に金額を確認してもらい、「支払う」をタップすればよい。

5 PayPayの支払い履歴を確認する

「残高」をタップすると、PayPayの利用明細が一覧表示される。タップすると、その支払の詳細を確認できる。還元されるポイントもこの画面で確認可能だ。

6 個人送金や割り勘機能を使う

PayPayは他にもさまざまな機能を備えている。「送る」「受け取る」ボタンで友だちとPayPay残高の個人送金ができるほか、「わりかん」でPayPayユーザー同士の割り勘も可能だ。

アプリ

078

140文字のメッセージで世界中とゆるくつながる

Twitterで友人の日常や
世界のニュースをチェック

 アプリ

　Twitterとは、一度に140文字以内の短い文章（「ツイート」または「つぶやき」と言う）を投稿できるソーシャル・ネットワーキング・サービスだ。Twitterは誰かが投稿したツイートを読んだり返信するのに承認が不要という点が特徴で、気に入ったユーザーを「フォロー」しておけば、そのユーザーのツイートを自分のホーム画面に表示させて読むことができる。基本的に誰でもフォローできるので、好きな著名人の近況をチェックしたり、ニュースサイトの最新ニュースを読めるほか、今みんなが何を話題にしているかリアルタイムで分かる即時性の高さも魅力だ。

Twitterアカウントを作成する

1 新しいアカウントを作成する

 Twitter
作者／Twitter, Inc.
価格／無料

Twitterアプリを起動したら、「アカウントを作成」をタップする。すでにTwitterアカウントを持っているなら、下の方にある「ログイン」をタップしてログインしよう。

2 電話番号かメールアドレスを入力

名前と電話番号でアカウントを作成。電話番号を使いたくなければ、「かわりにメールアドレスを登録する」をタップし、メールアドレスを入力しよう。

3 認証コードを入力する

登録した電話番号宛てのSMS（メッセージアプリに届く）や、メールアドレス宛てに届いた認証コードを入力して「次へ」をタップ。あとは、パスワードやプロフィール画像などを設定していけば、アカウント作成が完了する。

こんなときは？

好きなユーザー名に変更するには

Twitterアカウントを作成すると、自分で入力したアカウント名の他に、「@abcdefg」といったランダムな英数字のユーザー名が割り当てられる。このユーザー名は、Twitterメニューの「設定とプライバシー」→「アカウント」→「ユーザー名」で、好きなものに変更可能だ。

Twitterの基本的な使い方

1 気になるユーザーをフォローする

好きなユーザーのツイートを自分のホーム画面（タイムライン）に表示したいなら、ユーザーのプロフィールページを開いて、「フォローする」をタップしよう。

2 ツイートを投稿する

画面右下の丸いボタンをタップすると、ツイートの作成画面になる。140文字以内で文章を入力して、「ツイート」をタップで投稿しよう。画像などの添付も可能だ。

3 気に入ったツイートをリツイートする

気になるツイートを、自分のフォロワーにも読んでほしい時は、「リツイート」で再投稿しよう。ツイートの下部にある矢印ボタンをタップし、「リツイート」をタップすればよい。

4 コメントを追記して引用リツイートする

リツイートボタンをタップして「コメントを付けてリツイート」をタップすると、このツイートに自分でコメントを追記した状態で、引用リツイートを投稿できる。

5 ツイートに返信（リプライ）する

ツイートの下部にある吹き出しボタンをタップすると、このツイートに対して返信（リプライ）を送ることができる。返信ツイートは、自分のフォロワーからも見られる。

6 気に入ったツイートを「いいね」する

気に入ったツイートは、下部のハートボタンをタップして「いいね」しておこう。自分のプロフィールページの「いいね」タブで、いいねしたツイートを一覧表示できる。

079

"インスタ映え"する写真や動画を楽しむ

有名人と写真でつながる
Instagramをはじめよう

 アプリ

Instagramは、写真や動画に特化したソーシャル・ネットワーキング・サービスだ。Instagramに投稿するのに見栄えがする風景や食べ物を指す、「インスタ映え」という言葉が流行語にもなったように、テキスト主体のTwitterやFacebookと違って、ビジュアル重視の投稿を楽しむのが目的のサービスだ。

また、多数の芸能人やセレブが利用しており、普段は見られない舞台裏の姿などを楽しめるのも魅力だ。自分が写真や動画を投稿する際は、標準のフィルター機能などを使って、インスタ映えする作品にうまく仕上げて投稿してみよう。

Instagramアカウントを作成する

1 新しいアカウントを作成する

Instagram
作者／Instagram
価格／無料

Instagramアプリを起動したら、「新しいアカウントを作成」をタップ。すでにInstagramアカウントがあるかFacebookでログインするなら、「ログイン」からログインしよう。

2 電話番号かメールアドレスを入力

電話番号またはメールアドレス、どちらでアカウントを登録するか、タブで切り替えできる。入力したら「次へ」をタップし、名前とパスワードを入力しよう。

3 ユーザーネームを確認する

割り当てられたユーザーネームは、「ユーザーネームを変更」で好きなものに変更できる。あとは、友だちをフォローしたり、プロフィール画像を設定すれば、アカウント作成は完了。

 設定ポイント

好きなユーザーネームに変更する

Instagramの検索や識別に使われるユーザーネームは、あとからでも簡単に変更できる。自分のプロフィール画面を開いて、「プロフィールを編集」をタップし、「ユーザーネーム」欄を書き換えよう。すでに他のユーザーに使われているユーザーネームは使用できないので注意。

Instagramで気になるユーザーをフォローする

1 フォローしたい人を探し出す

まずは、さまざまな人や企業をフォローしておこう。下部メニューの虫眼鏡ボタンをタップすると、キーワード検索やランダム表示された写真から、フォローしたい相手を探せる。

2 気になるユーザーをフォローする

気になるユーザーのプロフィールページを開いて、「フォローする」をタップすると、このユーザーが投稿した写真や動画が、自分のタイムラインに表示されるようになる。

3 写真や動画にリアクションする

タイムラインに表示される写真や動画には、下部に用意されたボタンで、「いいね」したり、コメントを書き込んだり、お気に入り保存しておくことができる。

Instagramに写真や動画を投稿する

1 投稿したい写真や動画を選択・撮影

自分で写真や動画を投稿するには、下部中央の「＋」ボタンをタップしよう。「ライブラリ」で端末内の写真を選ぶか、または「写真」「動画」をタップしてカメラで撮影する。

2 フィルターなどで写真・動画を加工

写真や動画を投稿する前に、「フィルター」で色合いを変化させたり、「編集」で傾きや明るさを調整することができる。加工を終えたら「次へ」をタップ。

3 編集した写真や動画を投稿する

写真や動画にキャプションを付ける。さらにタグを付けたり他のSNSとの連携を済ませたら、右上の「シェア」ボタンをタップ。作品がタイムラインにアップロードされる。

080

目的の駅までの最適なルートがわかる

電車移動に必須の
乗換案内アプリ

 アプリ

電車やバスをよく使う人は、乗換案内アプリ「Yahoo!乗換案内」を導入しておこう。出発地点と到着地点を設定して検索すれば、最適な経路をわかりやすく表示してくれるので便利だ。経路の運賃はもちろん、発着ホームの番号や乗り換えに最適な乗車位置などもチェック可能。これなら初めて訪れる地域へ

の出張や旅行でも、スムーズに乗り換えができる。また、目的の駅に到着した際にバイブで通知したり、ルートの詳細画面をスクリーンショットして他人に送信したりなど、便利な機能も満載（一部の機能はYahoo! JAPAN IDでのサインインが必須）。現代人には必須とも言えるアプリなので使いこなしてみよう。

Yahoo!乗換案内で経路検索を行う

1 出発と到着地点を設定して検索する

Yahoo!乗換案内
作者／Yahoo Japan Corp.
価格／無料

乗換案内を行うには、まず「出発」と「到着」の地点を設定しよう。地点の指定は、駅名だけでなく住所やスポット名でもOKだ。「検索」ボタンをタップすると経路検索が実行される。

2 目的地までのルート候補が表示される

検索されたルートが表示される。「時間順」や「回数順」、「料金順」で並び替えつつ、最適なルートを選ぼう。「1本前／1本後」ボタンでは、1本前／後の電車でのルート検索に切り替わる。

3 ルートの詳細を確認しよう

検索結果のルート候補をタップすると、詳細が表示される。乗り換えの駅や発着ホームなどもチェックできるので便利だ。「ガイド・アラーム」で到着時にバイブで通知させることもできる。

こんなときは?

検索結果のスクリーンショットをLINEで他人に送る

乗換案内の経路検索結果を家族や友人に送信したいときは、スクリーンショット機能を使うと便利だ。まずは検索結果の詳細画面を表示して、画面上部の「スクショ」ボタンをタップ。すると、検索結果が画像として写真アプリに保存される。「LINEで送る」をタップすれば、そのままLINEで送信可能だ。

081

今日や明日の天気を素早く確認しよう

最新の天気予報を iPhoneでチェック

 アプリ

Yahoo!天気
作者／Yahoo Japan Corp.
価格／無料

「Yahoo!天気」は、定番の天気予報アプリだ。アプリを起動すれば、現在地の天気予報がすぐに表示される。「地点検索」で地点を追加しておけば、好きな地点の天気予報もすぐにチェック可能。また、メニューを表示すれば、落雷や地震、台風などの最新情報も確認できる。防災にも役立つので、普段から使いこなしておこう。

1 天気予報を確認する

今日と明日の天気

週間天気予報

アプリを起動すると、現在位置の天気予報が表示される。画面下では週間天気予報もチェック可能だ。

2 雨雲レーダーをチェックする

画面下のスライダーで表示する時間を変更可能。雨雲の位置を正確に判断できるので、ゲリラ豪雨にも対応できる。

画面下の「雨雲」をタップすれば、雨雲レーダーを確認可能だ。どの地点に雨が降っているかがわかる。

3 地震情報なども表示できる

「メニュー」→「地震」で、地震に関する最新情報をチェックできる

左下の「メニュー」をタップすると、落雷や地震、台風など、最新の天気や防災情報を確認できる。

082

政治からエンタメまで最新情報が満載！

あらゆるジャンルの 最新ニュースをチェック

 アプリ

Yahoo!ニュース
作者／Yahoo Japan Corp.
価格／無料

「Yahoo!ニュース」は、国内外のニュース記事が読めるアプリだ。記事は「主要」や「経済」、「エンタメ」などカテゴリごとにタブで分かれているので、まずは読みたいタブを選択。あとは記事のタイトルをタップすれば内容が表示される。ユーザーによるコメント投稿機能もあり、記事が多くの人にどう受け止められているかもわかる。

1 ニュースのカテゴリを選ぶ

カテゴリを選んで読みたい記事をタップ

アプリを起動したら、画面最上部のタブでニュースのカテゴリを選び、読みたい記事をタップしよう。

2 ニュース記事をチェックする

「続きを読む」でより詳しい記事が読める

ニュース記事が表示される。記事によっては画面最下部でユーザーのコメントもチェックできる。

操作のヒント

タブは並べ替えと選択が可能

画面右上の矢印ボタンをタップすると、最上部にあるカテゴリタブの並べ替えと選択が可能だ。使いやすいように設定しよう。

ここをドラッグして並べ替える

アプリ
083

人気の海外ドラマやオリジナル作品も充実
iPhoneで見放題の
ドラマや映画を楽しむ

 アプリ

Netflix
作者／Netflix, Inc.
価格／無料

「Netflix」は、国内外のTVドラマや映画、アニメなどが見放題の定額制の動画配信アプリだ。「ウォーキング・デッド」など、大人気の海外TVドラマシリーズが充実している点が魅力だが、最近ではNetflixオリジナルの作品も続々と出揃ってきている。動画のダウンロード機能も搭載しており、オフライン再生も可能だ。

1 観たい動画を探して視聴する

アプリを開いたら、観たい動画を探して再生しよう。画面下の「検索」からキーワード検索することもできる。

2 ダウンロード保存も可能だ

ダウンロードボタンを押すと、動画を端末内に保存できる。これでオフライン再生が可能だ。

操作のヒント

視聴プランを選ぶ

Netflixには、以下表のように3つの有料プランがある。ベーシックはSD画質で1台、スタンダードはHD画質で2台、プレミアムは最大4K画質で4台まで同時視聴可能だ。

プラン	月額(税抜)
ベーシック	800円
スタンダード	1,200円
プレミアム	1,800円

アプリ
084

野球やサッカーの試合をライブ中継
スポーツの生中継もiPhoneで観戦する

 アプリ

DAZN
作者／DAZN
価格／無料

「DAZN（ダゾーン）」は、月額1,900円（税込）で人気スポーツの試合が見放題になるアプリだ。国内外のサッカー、野球、ゴルフ、テニスなど多種多様なスポーツを網羅しており、ライブ中継や見逃し配信など、好きな方法で視聴できる。初回の1ヶ月は無料で体験できるので、スポーツ好きの人はぜひ試してみよう。

月額料金は決して安くないが、スポーツ観戦目的でWOWOWやスカパーに入るよりは断然オトク。

アプリ
085

アプリでラジオを聴取しよう
聴き逃した番組も後から楽しめる定番ラジオアプリ

 アプリ

radiko
作者／株式会社radiko
価格／無料

「radiko」は、インターネット経由でラジオを聴取できるアプリだ。フリー会員の場合は、現在地の地方で配信されている番組を聴ける。月額350円（税抜）のプレミアム会員に登録すれば、全国のラジオを聴くことも可能だ。聴き逃した番組も、1週間以内ならタイムフリー機能でいつでも聴くことができるので便利。

デジタルデータで配信されるので、通常のラジオよりもノイズが少なく、音声がクリアなのも特徴だ。

アプリ

086

欲しい物はiPhoneですぐに購入しよう

Amazonでいつでも どこでも買い物をする

 アプリ

オンラインショッピングを楽しみたいのであれば、Amazonの公式アプリを導入しておくといい。iPhoneですぐに商品を探して、その場で注文することが可能だ。利用にはAmazonアカウントが必要になるので、持っていない人はあらかじめ登録しておくこと。なお、年額4,900円／月額500円（税込）の

Amazonプライム会員に別途加入しておくと、対象商品の配送料や、お急ぎ便（最短1日で配送してくれる）、お届け日時指定便（お届け日と時間を指定できる）などの手数料が無料になる。Prime VideoやPrime Musicなどの各種サービスも使い放題になるので、まずは無料体験を試してみよう。

Amazonアプリで商品を探して購入する

1 Amazonアカウントでログインする

Amazon
作者／AMZN Mobile LLC
価格／無料

Amazonアカウントでログインする

Amazonの公式アプリを起動したら、Amazonアカウントでログインしておこう。アカウントを持っていない人は「アカウントを作成」から自分の住所や支払情報などを登録しておくこと。

2 商品を検索して買いたいものを探そう

商品をキーワード検索

検索結果から欲しい商品をタップする

商品の詳細ページが表示されるので、サイズや数量などを設定する

検索欄にキーワードを入力して欲しい商品を探そう。見つかったら商品の画像をタップして詳細画面を表示。商品内容を確認して、問題なさそうであればサイズや数量を設定しておこう。

3 商品をカートに入れて注文する

商品をカートに入れる

販売業者と発送業者をチェックしておこう

カートを表示する

商品を購入する場合は「カートに入れる」をタップ。右上のカートアイコンをタップしてから「レジに進む」を選択しよう。あとはお届け住所や支払い方法などを確認して注文を確定すればOKだ。

こんなときは？

Amazonの配送料について

Amazonの通常配送料は、発送業者がAmazonの商品であれば410円かかる（北海道・九州・沖縄・離島の場合は450円）。ただし、合計2,000円以上の注文の場合は、配送料が無料になる。また、お急ぎ便やお届け日時指定便は別途500円が必要だ。なお、プライム会員の場合はすべて無料になる。

Amazonのおもな配送料（発送業者がAmazonの場合）

配送の種類	通常会員	プライム会員
通常配送料	410円（北海道・九州・沖縄・離島は450円）※計2,000円以上の注文で無料	無料
お急ぎ便	510円	無料
当日お急ぎ便	610円	無料
お届け日時指定便	510円	無料

※発送業者がAmazon以外の商品はプライム会員でも配送料がかかる

AmazonのKindleで電子書籍を読もう

iPhoneで 電子書籍を楽しむ

電子書籍をiPhoneで読みたいのであれば、Amazonの電子書籍アプリ「Kindle」をインストールしておこう。漫画、ビジネス書、実用書、雑誌など、幅広いジャンルの本をダウンロードして閲覧することができる。ただし、Kindleアプリからは電子書籍の購入ができないので注意。あらかじめSafariなどブラウザでAmazonにアクセスし、読みたいKindle本を購入しておこう。また、本好きの人は、月額980円で和書12万冊以上が読み放題となる「Kindle unlimited」に加入しておくといい。Amazonのプライム会員であれば、常に数百冊前後の本が読み放題となる「Prime Reading」も利用できる。

Kindleで電子書籍を読んでみよう

1 Amazonにアクセスして 読みたい本を購入する

②Kindle本を購入する

①「形式・仕様」をKindle版に変更する

まずはSafariなどのブラウザでAmazonにアクセスし、読みたい本を検索。電子書籍に対応している本であれば「Kindle版」を選ぶことが可能だ。好きなKindle本を購入しておこう。

2 Kindleで電子書籍を ダウンロードして読む

Kindle
作者／AMZN
Mobile LLC
価格／無料

ライブラリ画面から読みたい本をダウンロード

Kindleを起動したら、Amazonアカウントでログインする。画面下の「ライブラリ」をタップすると購入したKindle本が並ぶので表紙画像をタップ。ダウンロード後、すぐに読むことができる。

3 読み放題対応の本は すぐダウンロードが可能

①「カタログ」画面を表示して、読みたい本を検索

読み放題サービス対応の本なら「読み放題で読む」をタップしてすぐ読める

Kindle UnlimitedやPrime Readingの読み放題サービスに加入している人は、Kindleアプリ内で対象の本をすぐにダウンロードできる。画面下の「カタログ」画面から検索して探そう。

こんなときは?

読み放題サービス Kindle Unlimitedと Prime Reading の違い

Kindleには、読み放題サービスが2種類ある。月額980円で和書12万冊以上が読み放題になるのが「Kindle Unlimited」。プライム会員なら追加料金なしで使えるのが「Prime Reading」だ。Prime Readingは、対象タイトルの入れ替えが頻繁に行われ、常時数百冊前後が読み放題となる。

Kindle UnlimitedとPrime Readingの比較

	Kindle Unlimited	Prime Reading
月額料金（税込）	980円	プライム会員なら無料
読み放題冊数	和書12万冊以上 洋書120万冊以上	Kindle Unlimitedのタイトルから数百冊
補足	毎月たくさん本を読む人にオススメ。プライム会員とは別料金	読み放題の冊数は少ないが、プライム会員は無料で使える

088

新機能の搭載や不具合の解消が行われる

アプリをアップデートして
最新の状態で利用しよう

 本体操作

iPhoneのアプリは、不具合の修正や新機能を搭載した最新版が「アップデート」という形で時々配信される。「App Store」アプリの右上に赤い丸と共に数字が表示されたら、アップデートの配信が始まった合図。赤い丸に表示された数のアプリにアップデートが用意されている。iPhoneのアプリは、基本的には早めにアップデートを行い最新の状態で利用するのが望ましい。また、「設定」→「iTunes StoreとApp Store」で「Appのアップデート」がオンになってれば、アップデートが自動で実行される。

使 い こ な し P O I N T

アプリのアップデート手順

1 App Storeに
通知が表示された

App Storeの右上にこのような赤丸と数字が表示されたら、その数字の数だけアップデートが配信開始された合図。この場合、5つのアプリのアップデートを利用できる。タップしてApp Storeを開こう。

2 ユーザーアイコン
をタップする

App Storeを開いたら、画面右上のユーザーアイコン（アイコンに自分で写真を設定している場合もある）をタップして、「アカウント」画面を開く。

3 アップデートを
実行する

アップデートを利用できるアプリを確認し、それぞれの「アップデート」ボタンをタップ。また、「すべてをアップデート」をタップすれば、まとめてアップデートすることができる。

4 アップデートが
完了した

アップデート中は、該当アプリがこのような表示になり、完了するまでは利用できない。アップデートするアプリの本数やサイズにもよるが、数個程度なら数十秒で完了する場合が多い。

アプリ 089

標準の時計アプリでアラームを設定しよう

iPhoneを目覚ましとして利用する

 時計

iPhoneには標準で時計アプリが搭載されており、アラーム機能を利用することが可能だ。アラームを使うには、まずアプリを起動して「アラーム」画面を表示。「＋」をタップし、アラームを鳴らす時刻やサウンドなどを設定しよう。アラームは複数追加することができるので、起きる時刻や出かける時刻で別々に設定したい場合にも対応可能だ。なお、サイレントスイッチをオンにした「消音モード」状態でも、アラーム音は鳴るので安心だ。アラームの音量は、着信／通知音量に準ずるのであらかじめ調整しておこう。

1 時計アプリでアラームを追加

時計アプリを起動したら、画面下の「アラーム」をタップ。さらに「＋」をタップしてアラームを追加しよう。

2 アラームの設定を行う

アラームの追加画面になるので時間やサウンドなどを設定する。「保存」でアラームが有効になる。

3 指定時刻にアラームが鳴る

指定時刻になるとアラームが鳴り、ロック画面が上のような画面になる。「停止」を押せばアラームは止まる。

アプリ 090

ちょっとした計算で大活躍

iPhone標準の計算機アプリを利用する

計算機

iPhoneには、計算機アプリが標準で搭載されている。ちょっとした計算をしたいときに使うと便利だ。たとえば、ショッピング中に1,980円の30%引きの価格を計算したくなったときは、「1980−30%」で計算すればいい。また、計算結果の数字をロングタップするとコピーすることができ、メールなどのほかのアプリに貼り付けることが可能だ。なお、端末を横向きにすると関数電卓になり、三角関数や平方根などの計算もできるようになる。

電卓のようなシンプルなデザインで使いやすい。計算結果のコピーや数字の貼り付けも可能だ。

アプリ 091

標準メモアプリを使いこなそう

iPhoneでメモを取る

メモ

「外出先で思い付いたアイディアをサッと書き留めておきたい」、「今度の旅行で必要な物を買い物メモとしてまとめておきたい」……そんなときに使うと便利なのが、iPhone標準のメモアプリだ。メモにはテキストだけでなく、表やチェックリスト、写真、手書きメモを挿入することが可能。毎日食べたものを書き留めたり、掲示物を写真撮影してメモとして残したり、イラストのラフスケッチを手書きで描いたりなど、幅広い用途で利用できる。

画面右下の新規メモボタンをタップしてメモを作成しよう。表やチェックリスト、写真などの挿入も可能だ。

SECTION

3

もっと役立つ
便利な操作

ここではiPhoneをもっと快適に使
うために覚えておきたい便利な操作
や、トラブルに見舞われた際の対処
法を解説する。iPhoneに話しかけ
て操作する「Siri」の使い方や、なく
してしまったiPhoneを探し出す方
法も紹介。

iPhoneの中身をバックアップするためのサービス

仕組みがわかりにくい iCloudのおすすめ設定法

 本体設定

　Apple IDを取得すると（No031で解説）、使えるようになるサービスの一つが「iCloud」だ。基本的には「iPhoneの各種データをバックアップしておけるサービス」と思えばよい。iCloudバックアップをしっかり作成しておけば、iPhoneを初期化したり機種変更した際も、すぐに元の環境に戻せるのだ。

　ただし、無料で使える容量は全部で5GBまでなので、容量が足りない時は自分でバックアップするデータを選択する必要がある。iCloudは他にも、写真を自動アップロードしたり、PDFや文書ファイルを保存しておける機能もあるが、ここではバックアップ機能を中心に解説する。

iCloudにバックアップする項目を選ぶ

　まずは、iCloudバックアップの設定を確認しよう。「設定」アプリの一番上に表示されるユーザー名（Apple ID）をタップし、続けて「iCloud」をタップすると、バックアップする項目の選択などが行える。iCloudの容量が足りない時は、ここで不要なアプリやデータをオフにしておく。

2 iCloudでバックアップする項目を選択

「すべてのAppを表示」をタップし、バックアップが不要なアプリのスイッチをオフにしよう。すべてオンにしておくのがベストだが、無料プランの5GBだと、サイズの大きいアプリのバックアップは難しい。諦めてオフにするか、容量の追加購入が必要だ。なお、写真のバックアップについてはNo064で解説している

3 標準アプリのスイッチも確認

基本はすべてオンにしておけばよい

1 iCloudバックアップのオンを確認する

オンを確認

Apple IDの設定画面で「iCloud」→「iCloudバックアップ」をタップし、スイッチのオンを確認しよう。iPhoneが電源とWi-Fiに接続中の場合、自動でバックアップを作成するようになる。

「iCloud」→「ストレージを管理」→「バックアップ」→「このiPhone」をタップすると、バックアップするデータを選択できる。不要な項目はオフにしておこう。

「iCloud」画面に表示される、連絡先などの標準アプリはすべてオンにしておこう。次ページで解説しているように、これらのアプリはバックアップではなく「同期」されるアプリになる。

 操作のヒント

iCloudに手動でバックアップを作成する方法

iCloudバックアップは、iPhoneが電源とWi-Fiに接続されている時に自動で作成される。今すぐバックアップしたい時は、Apple IDの設定画面で「iCloud」→「iCloudバックアップ」をタップし、「今すぐバックアップを作成」をタップしよう。すぐにバックアップが開始される。

タップすると手動でバックアップを作成できる

ボタンの下の表示で、前回のバックアップ日時も確認できる

いざという時はiCloudバックアップから復元する

1 iCloudバックアップから復元する

iPhoneを初期化したり機種変更した際は、iCloudバックアップがあれば、元の環境に戻せる。まず初期設定中に、「Appとデータ」画面で「iCloudバックアップから復元」をタップしよう。

2 復元するバックアップを選択

Apple IDでサインインを済ませると、iCloudバックアップの選択画面が表示される。最新のバックアップを選んでタップし、復元作業を進めていこう。

3 バックアップから復元中の画面

iCloudバックアップから復元すると、バックアップ時点のアプリが再インストールされ、ホーム画面のフォルダ構成なども元通りになる。アプリによっては、再ログインが必要な場合もある。

容量の追加購入と同期データの注意

1 iCloudの容量を追加購入する

どうしてもiCloudの容量が足りない時は、やりくりするよりも容量を追加購入したほうが早い。まず、iCloudの設定画面で「ストレージを管理」→「ストレージプランを変更」をタップ。

2 必要な容量にアップグレードする

有料プランを選ぼう。一番安い月額130円のプランでも50GBまで使えるので、iCloudの空き容量に悩むことはほとんどなくなる。200GB／月400円、2TB／月1,300円のプランも選べる。

操作のヒント

バックアップと同期される項目の違い

Apple IDの設定画面で「iCloud」をタップすると表示される、連絡先やカレンダー、Safariといった標準アプリは、スイッチをオンにしておけばデータがiCloudに保存される。ただしこれらはバックアップではなく「同期」されるデータになる。バックアップは作成時の状態がiCloudに保存され、復元する時もバックアップ時点の状態に戻る。これに対して同期される標準アプリの場合は、iPhoneで行った変更がほぼリアルタイムでiCloud側にも反映される。例えばiPhoneで連絡先を登録すれば、iCloud上の連絡先も最新の状態になる。そして、もちろん復元時にはその最新状態が反映される。

賢い音声アシスタント「Siri」を使いこなそう

iPhoneに話しかけて さまざまな操作を行う

 本体操作

iPhoneには、話しかけるだけでさまざまな操作を行ってくれる、音声アシスタント機能「Siri」が搭載されている。たとえば「明日の天気は?」と質問すれば天気予報を教えてくれるし、「青山さんに電話して」と話しかければ連絡先の情報に従って電話をかけてくれる。このように、ユーザーの代わりに情報を

検索したりアプリを操作するだけでなく、日本語を英語に翻訳したり、現在の為替レートで通貨を変換するといった便利な使い方も可能だ。さらに、早口言葉やものまねも頼めばやってくれるなど、本当に人と話しているような自然な会話も楽しめるので、色々話しかけてみよう。

Siriを有効にする設定と起動方法

1 設定でSiriを
有効にする

「設定」→「Siriと検索」で、「サイドボタン(ホームボタン)を押してSiriを使用」をオンにすれば、Siriが有効になる。必要なら「"Hey Siri"を聞き取る」「ロック中にSiriを許可」もオン。

2 ホームボタンのない
機種でSiriを起動する

ホームボタンのない機種で、Siriを起動するには、本体側面にあるサイドボタン(電源ボタン)を長押しすればよい。画面を下から上にスワイプすると、Siriの画面が閉じる。

3 ホームボタンのある
機種でSiriを起動する

iPhone 8などのホームボタンのある機種で、Siriを起動するには、本体下部にある「ホームボタン」を長押しすればよい。もう一度ホームボタンを押すと、Siriの画面が閉じる。

こんなときは?

呼びかけて
起動するように
設定する

「設定」→「Siriと検索」で「"Hey Siri"を聞き取る」をオンにし、指示に従い自分の声を登録すれば、iPhoneに「ヘイシリ」と呼びかけるだけでSiriを起動できるようになる。他の人の声には反応しないの、セキュリティ的にも安心だ。

"Hey Siri"を設定

"Hey Siri"と話しかけたときに、Siriがあなたの声を認識します。

「続ける」をタップし、指示に従って自分の声を登録する

続ける

Siriの基本的な使い方

1 Siriを起動して話しかける

サイド（電源）ボタンもしくはホームボタンを長押しするか、「ヘイシリ」と呼びかけてSiriを起動。「ご用件は何でしょう?」と表示されたら、Siriに頼みたいことを話しかけよう。

2 Siriがさまざまな操作を実行してくれる

「明日7時に起こして」で7時にアラームをセットしてくれたり、「今日の天気は?」で天気と気温を教えてくれる。続けて質問するには、画面下部にあるボタンをタップしよう。

3 Siriへの質問内容を編集するには

質問がうまく伝わっていない時は、質問のテキスト部分をタップしよう。質問内容を適切なものに書き換えれば、Siriに正しく伝わって操作を実行してくれる。

Siriの便利な使い方も知っておこう

日本語を英語に翻訳

「(翻訳したい言葉)を英語にして」と話しかけると、日本語を英語に翻訳し、音声で読み上げてくれる。

アラームを全て削除

ついついアラームを大量に設定してしまう人は、Siri に「アラームを全て削除」と話しかければ簡単にまとめて削除できる。

通貨を変換する

例えば「60ドルは何円?」と話しかけると、最新の為替レートで換算してくれる。また各種単位換算もお手の物だ。

おみくじやサイコロ

「おみくじ」でおみくじを引いてくれたり、「サイコロ」でサイコロを振ってくれるなど、遊び心のある使い方も。

流れている曲名を知る

「この曲は何?」と話かけ、音楽を聴かせることで、今流れている曲名を表示させることができる。

「さようなら」で終了

Siriは画面を下から上にスワイプするかホームボタンで終了できるが、「さようなら」と話しかけることでも終了可能だ。

スクリーンショットを撮影してみよう
表示されている画面を そのまま写真として保存する

iPhoneには、表示されている画面を撮影し、そのまま写真として保存できる「スクリーンショット」機能が搭載されている。iPhone 11などのホームボタンのない機種は、電源ボタンと音量を上げるボタンを同時に押す。iPhone 8などのホームボタンのある機種は、電源ボタンとホームボタンを同時に押せば撮影が可能だ。撮影すると、画面の左下にサムネイルが表示される。左にスワイプするか、しばらく待つと消えるが、タップすれば写真に文字を書き込んだり、メールなどで共有できる。

ホームボタンなし

電源ボタンと、音量を上げるボタンを同時に押す

ホームボタンあり

電源ボタンと、ホームボタンを同時に押す

スクリーンショットの保存先

タップ

撮影した画面は、「写真」アプリの「アルバム」→「スクリーンショット」で確認できる。

ボタンを押すだけですぐ消せる
かかってきた 電話の着信音を すぐに消す

電車の中や会議中など、電話に出られない状況で電話がかかってきたら、慌てずに電源ボタンか、音量ボタンの上下どちらかを、1回押してみよう。即座に着信音が消え、バイブレーションもオフにできる。この状態でも着信自体を拒否したわけではないので、そのましばらく待っていれば、自動的に留守番電話に転送される。すぐに留守番電話に転送したい場合は、電源ボタンを2回連続で押せばよい。

電源ボタンを押す
音量ボタンの上下どちらかを押してもよい

電源ボタンか、音量ボタンの上下どちらかを1回押せば、電話の着信音を即座に消せる。

---

iPhoneの画面を見ずに操作できる
通話もできる 付属のイヤホンの 使い方

iPhoneに付属しているイヤホン「EarPods」には、マイクが内蔵されているほか、音量の「+」「-」ボタンと、その間に「センター」ボタンが付いている。これらのボタンを使えば、iPhoneの画面を見なくてもさまざまな操作が可能だ。例えば、電話がかかってきた時はセンターボタンを1回押せば応答できる。もう1回押せば通話を終了。再生中の曲をスキップするなど、ミュージックやビデオのコントロールもできる。

リモコンの主な操作方法

ミュージック／ビデオ

●再生／一時停止
センターボタンを押す

●次の曲、チャプターへスキップ
センターボタンを素早く2回押す

●曲、チャプターの先頭へ
センターボタンを素早く3回押す。曲、チャプターの先頭で3回押すと前の曲、チャプターへスキップする

●早送り
センターボタンを素早く2回押して2回目を長押し

通話

●応答する／終了する
センターボタンを押す

●応答を拒否する
センターボタンを2秒間長押し

その他

●写真、ビデオの撮影
音量ボタンを押す。ビデオ撮影の終了は再度音量ボタンを押す

●Siriの起動
センターボタンを長押し。センターボタンを押してSiriを終了

097

クレジットカードなしでアプリを買える
コンビニなどで買える
ギフトカードで料金を支払う

アプリの購入やアプリ内で課金するのに、クレジットカードを使えない時に便利なのが、コンビニや家電量販店で購入できる「App Store & iTunesギフトカード」だ。購入したカード裏面のシールを剥がすと、英数字のコードが表示される。これを、App Storeアプリの「Today」画面などの下部にある、「コードを使う」からスキャンするか入力すれば、カードの額面がApple IDの残高に追加される。有料アプリなどを購入する際は、クレジットカードを登録していても、先にコードの残高から使われる。

裏面のシールを剥がしたら、App Storeアプリの画面を下にスクロールし、「コードを使う」をタップ。

「カメラで読み取る」をタップし、カメラでカード裏面のコード部を読み取ると、金額がチャージされる。

ギフトカードの残高は、App Storeの画面右上のアカウントボタンをタップすると確認できる。

098

各キャリアのアプリで正確な通信量をチェック
通信量（ギガ）をどれだけ
使ったか確認する

従量制プランで契約していると、少し通信量を超えただけで料金が大きく変わってしまう。また一定容量を超過すると、通信速度が大幅に制限される場合もある。モバイル通信を使いすぎて「ギガ死」状態に陥らないよう、現在のモバイルデータ通信量をこまめにチェックしておこう。各キャリアの公式アプリを使うかサポートページにアクセスすると、現在までの正確な通信量を確認できるほか、今月や先月分のデータ量、直近3日間のデータ量、速度低下までの残りデータ量など、詳細な情報を確認できる。

1 公式アプリを入手する

ドコモは「My docomo」、auは「My au」、ソフトバンクは「My SoftBank」アプリをインストール。

2 アプリで通信量を確認

それぞれのアプリで「データ量」などの画面を開くと、利用データ量や残りデータ量を確認できる。

3 ウィジェットで確認できる場合も

「My docomo」ならウィジェットも用意されているので、ホーム画面から通信量を手軽に確認できる。

099

充電確認と再起動が基本

電源が入らない時や
画面が固まった時の対処法

 本体操作

　iPhoneの画面が真っ暗で電源が入らない時は、まずバッテリー切れを確認しよう。一度完全にバッテリー切れになると、ある程度充電してからでないと電源を入れられない。画面が固まったり動作がおかしい時は、iPhoneを再起動してみるのが基本的な対処法だ。iPhone 11などのホームボタンのない機種は電源ボタンと音量ボタンの上下どちらかを、iPhone 8などのホームボタンのある機種は電源ボタンを押し続けると、「スライドで電源オフ」が表示され、これを右にスワイプして電源を切ることができる。このスライダは「設定」→「一般」→「システム終了」でも表示される。

バッテリー切れを確認する、再起動する

**1 電源が入らない時は
バッテリーを確認**

画面が真っ黒のままで電源が入らないなら、バッテリー切れをチェック。充電器に接続してしばらく待てば、充電中のアイコンが表示され、起動できるようになるはずだ。

**2 調子が悪い時は
一度電源を切る**

ホームボタンのない機種は電源ボタンといずれかの音量ボタン、ホームボタンのある機種は電源ボタンを、スライダが表示されるまで押し続ける

緊急SOS

iPhoneの動作が重かったり、画面が動かない時は、電源（＋音量）ボタンの長押しで表示される、「スライドで電源オフ」を右にスワイプ。一度本体の電源を切ろう。

**3 電源ボタンを長押し
して起動する**

Appleロゴが表示されるまで長押し

iPhoneの電源が切れたら、もう一度電源を入れ直そう。電源ボタンをAppleロゴが表示されるまで長押しすれば、iPhoneが再起動する。

こんなときは？

うまく充電できない時は純正品を使おう

iPhoneを電源に接続して充電しているはずなのに、電源が入らない時は、使用しているケーブルや電源アダプタを疑おう。他社製品を使っているとうまく充電できない場合がある。iPhone付属の純正ケーブルと電源アダプタで接続すれば、しっかり充電が開始されるようになる。

便利
100

強制的に再起動する方法を覚えておこう
電源を切ることも
できなくなったら

本体操作

iPhoneが不調の時は再起動すると直ることが多いが、画面が完全に固まって操作を受け付けない状態になると、No099の手順では「スライドで電源オフ」が表示されず、電源を切れなくなってしまう。そんな時は、iPhoneを強制的に再起動する方法があるので覚えておこう。ただし、強制再起動する手順は、「iPhone X以降とiPhone 8／8 Plus」「iPhone 7／7 Plus」「iPhone 6s以前」で異なっているので注意。それぞれの手順は、右にまとめている。強制的に再起動しても、端末内のデータなどは消去されない。

iPhone X以降と iPhone 8／8 Plus

音量を上げるボタンを押してすぐ離し、続けて音量を下げるボタンを押してすぐ離す。最後に電源ボタンを長押しすれば、強制再起動できる

iPhone 7／7 Plus

電源ボタンと音量を下げるボタンを同時に長押しすると、強制再起動できる

iPhone 6s以前

電源ボタンとホームボタンを同時に長押しすると、強制再起動できる

便利
101

アプリを完全終了するか一度削除してしまおう
アプリの調子が悪く
すぐに終了してしまう

本体操作

アプリが不調な時は、まずそのアプリを完全に終了させてみよう。iPhone 11などのホームボタンのない機種は画面を下から上へスワイプ、iPhone 8などのホームボタンのある機種はホームボタンをダブルクリックすると、最近使ったアプリが一覧表示される「Appスイッチャー」画面が開く。この中で不調なアプリを選び、上にフリックすれば完全に終了できる。アプリを再起動してもまだ調子が悪いなら、そのアプリを一度アンインストールして、App Storeから再インストールし直そう。

1 アプリを完全に 終了してみる

ホームボタンのない機種は画面を下から上にスワイプ、ホームボタンのある機種はホームボタンをダブルクリックしてAppスイッチャー画面を開き、終了したいアプリを上にフリックする

不調なアプリは、Appスイッチャー画面を開いて、一度完全に終了させてから再起動しよう。

2 不調なアプリを 一度削除する

アイコンをロングタップして「Appを削除」→「削除」をタップ

まだアプリが不調なら、ホーム画面でアプリのアイコンをロングタップし、「Appを削除」で削除。

3 削除したアプリを 再インストール

タップ

App Storeで削除したアプリを探して再インストール。購入済みのアプリは無料でインストールできる。

便利
102

初期化しても駄目なら修理に出そう
不調がどうしても
解決できない時は

本体操作

No099～No101で紹介したトラブル対処を試しても動作の改善が見られないなら、iPhoneを初期化してしまうのがもっとも簡単で確実なトラブル解決方法だ。ただし、初期化すると工場出荷時の状態に戻ってしまうので、当然iPhone内のデータはすべて消える。元の環境に戻せるように、iCloudバックアップ（No092で解説）は必ず作成しておこう。初期化しても駄目なら、物理的な故障などが考えられる。「Appleサポート」アプリを使えば、電話やチャットでサポートに問い合わせたり、近くのアップルストアまたはApple認定の修理対応店舗に、持ち込み修理を予約することも可能だ。

iPhoneの初期化とサポートへの問い合わせ

1 「すべてのコンテンツと設定を消去」をタップ

端末の調子が悪い時は、一度初期化してしまおう。まず、「設定」→「一般」→「リセット」を開き、「すべてのコンテンツと設定を消去」をタップする。

2 iCloudバックアップ を作成して消去

消去前にての確認で「バックアップしてから消去」をタップ。これで、最新のiCloudバックアップを作成した上で端末を初期化できる。初期化後はNo092の手順で、iCloudから復元しよう。

3 破損などのトラブルは Appleサポートで解決

Appleサポート
作者／Apple
価格／無料

物理的な破損などのトラブルは「Appleサポート」アプリが便利だ。Apple IDでサインインして端末と症状を選べば、サポートに電話したり、アップルストアなどに持ち込み修理を予約できる。

Q
こんなときは？

iPhoneの保証 期間を確認 するには

すべてのiPhoneには、製品購入後1年間のハードウェア保証と90日間の無償電話サポートが付いている。iPhone本体だけでなくアクセサリも対象なので、ケーブルや電源アダプタも故障したら無償交換が可能だ。自分のiPhoneの残り保証期間は、「Appleサポート」アプリで確認しよう。

Appleサポートアプリで「参考情報」タブの右上のアカウントをタップ

「補償状況の確認」で端末を選ぶと、残り保証期間を確認できる

103

「探す」アプリで探し出せる

紛失したiPhoneを
探し出す

 本体操作

iPhoneには万一の紛失に備えて、端末の現在地を確認できるサービスが用意されている。あらかじめ、iCloudの「探す」機能を有効にしておき、位置情報サービスもオンにしておこう。紛失したiPhoneを探すには、同じApple IDでサインインした他のiPhoneやiPadで「探す」アプリを使えばよい。

マップ上で場所を確認できるだけでなく、徐々に大きくなる音を鳴らしたり、端末の画面や機能をロックする「紛失モード」も有効にできる。なお、「探す」アプリを使わなくても、WebブラウザでiCloud.com（https://www.icloud.com/）にアクセスすれば、「iPhoneを探す」画面で同様の操作を行える。

事前の設定と紛失した端末の探し方

1 Apple IDの設定で「探す」をタップ

まずは、「設定」の一番上にあるApple IDをタップし、「探す」をタップする。また、「設定」→「プライバシー」→「位置情報サービス」のスイッチもオンにしておくこと。

2 「iPhoneを探す」の設定を確認

「iPhoneを探す」がオンになっていることを確認しよう。また、「"オフラインのデバイスを探す"を有効にする」と、「最後の位置情報を送信」もオンにしておく。

3 「探す」アプリで紛失したiPhoneを探す

iPhoneを紛失したら、他のiPhoneやiPadで「探す」アプリを起動し、同じApple IDでサインイン。「デバイスを探す」画面で紛失したiPhoneを選択すれば、現在地がマップ上に表示される。

操作のヒント

「探す」アプリで
利用できる
その他の機能

マップ上の場所を探しても見つからないなら、「サウンド再生」で徐々に大きくなる音を約2分間鳴らせる。また「紛失としてマーク」を有効すれば、iPhoneは即座にロックされ（パスコード非設定の場合は遠隔で設定）、画面には拾ってくれた人へのメッセージと電話番号を表示できる。

２０２０年１月５日発行

編集人
清水義博

発行人
佐藤孔建

発行・発売所
スタンダーズ株式会社
〒160-0008 東京都新宿区
四谷三栄町 12-4 竹田ビル3F
TEL 03-6380-6132
FAX 03-6380-6136

印刷所
株式会社廣済堂

Staff

Editor
清水義博(standards)

Writer
西川希典
狩野文孝

Cover Designer
高橋コウイチ(WF)

Designer
高橋コウイチ(WF)
越智健夫

本書の記事内容に関するお電話でのご質問は一切受け付けておりません。編集部へのご質問は、書名および何ページのどの記事に関する内容かを詳しくお書き添えの上、下記アドレスまでEメールでお問い合わせください。内容によってはお答えできないものや、お返事に時間がかかってしまう場合もあります。

info@standards.co.jp